数据中国"百校工程"项目系列教材

数据科学与大数据技术专业系列规划教材

瑞翼教育

数据挖掘与机器学习

吴建生 许桂秋 ◉ 主编

黄楠 霍雷刚 王彦超 张军 王照文 ◉ 副主编

U0382335

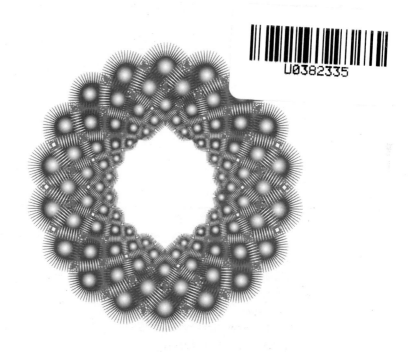

BIG DATA
Technology

人民邮电出版社

北 京

图书在版编目（CIP）数据

数据挖掘与机器学习 / 吴建生，许桂秋主编. -- 北
京：人民邮电出版社，2019.4（2022.1重印）
数据科学与大数据技术专业系列规划教材
ISBN 978-7-115-50352-7

Ⅰ. ①数… Ⅱ. ①吴… ②许… Ⅲ. ①数据采集－教
材②机器学习－教材 Ⅳ. ①TP274②TP181

中国版本图书馆CIP数据核字(2019)第029350号

内 容 提 要

  本书从实用角度出发，采用理论与实践相结合的方式，介绍数据挖掘与机器学习的基础知识，力求培养读者数据思维的能力。全书内容包括数据挖掘概述、Pandas 数据分析、机器学习、分类算法与应用、回归算法与应用、无监督学习、关联规则和协同过滤、图像数据分析、自然语言处理与NLTK。

  本书既可作为各类高校数据挖掘与机器学习的课程教材，又可供对数据挖掘和机器学习感兴趣的读者学习参考。

◆ 主　　编　吴建生　许桂秋
  副主编　黄　楠　霍雷刚　王彦超　张　军　王照文
  责任编辑　张　斌
  责任印制　陈　犇

◆ 人民邮电出版社出版发行　　北京市丰台区成寿寺路 11 号
  邮编　100164　　电子邮件　315@ptpress.com.cn
  网址　http://www.ptpress.com.cn
  固安县铭成印刷有限公司印刷

◆ 开本：787×1092　1/16
  印张：11.25　　　　　　　　　　2019 年 4 月第 1 版
  字数：289 千字　　　　　　　　2022 年 1 月河北第 7 次印刷

定价：49.80 元
读者服务热线：**(010)81055256**　印装质量热线：**(010)81055316**
反盗版热线：**(010)81055315**
广告经营许可证：京东市监广登字20170147号

前　言

信息技术的高速发展，引发了近几年的大数据和人工智能浪潮。IT行业的工作人员作为时代的弄潮儿，在为这些波澜壮阔的景象感到兴奋的同时，又深切地感受到技术的飞速变化所带来的巨大压力。

在如今这个处处以数据驱动的世界中，数据挖掘正变得越来越大众化。它被广泛地应用于不同领域，如搜索引擎、机器人、无人驾驶汽车等。本书不仅可以帮助读者了解现实生活中数据挖掘的应用场景，还可以帮助读者掌握处理具体问题的算法。

全书共9章，阐述了数据挖掘与机器学习的核心概念与技术，以及运用这些技术分析实际问题的思路。书中还介绍了 9 个综合性的案例，其难易程度和侧重点与书中各章的知识点相匹配。

第 1 章介绍数据挖掘的基本概念、功能与应用领域，使读者掌握数据挖掘的基本理念、流程和方法。

第 2 章介绍 Pandas 模块的语法结构，并通过对自行车行驶数据与服务热线数据的分析，使读者掌握通过 Pandas 模块对数据进行统计分析的方法。

第 3 章介绍机器学习的框架，以及 Sklearn 模块的语法结构，使读者掌握搭建机器学习流水线的方法。

第 4 章介绍分类算法，使读者掌握通过 Sklearn 模块搭建一个分类器并实现分类功能的方法。

第 5 章介绍回归算法，使读者掌握通过 Sklearn 模块搭建一个回归模型并实现回归功能的方法。

第 6 章介绍无监督学习，使读者掌握通过 Sklearn 模块搭建一个聚类模型并实现聚类功能的方法。

第 7 章介绍关联规则和协同过滤，使读者掌握通过这些算法实现电影推荐的方法。

第 8 章介绍图像数据分析的相关技术，使读者掌握进行图像特征提取和人脸识别的方法。

第 9 章介绍自然语言处理的相关技术，使读者掌握进行文本特征提取和文本分类的方法。

本书建议安排 64 课时。根据学生的接受能力及高校培养方案的设置，教师可以把某些内容作为学生的自学材料。

由于编者水平有限，编写时间仓促，书中难免存在疏漏和不足之处，恳请广大读者不吝赐教。

编　者
2019 年 1 月

目 录

第 9 章 自然语言处理与 NLTK ·· 155

第1章
数据挖掘概述

本章主要讲解数据挖掘技术的概念、功能、应用领域等基础知识。

本章重点内容如下。

（1）数据分析技术的发展。

（2）数据挖掘的定义。

（3）知识发现的步骤。

（4）数据挖掘的功能与应用领域。

（5）数据挖掘的模型。

（6）数据挖掘的数据类型。

1.1 数据分析技术发展简介

我们生活在一个数据爆炸的时代。如何在大量的数据中获取我们想要的知识，是当今时代的一个重要需求。

1.1.1 数据时代

随着各行各业技术的发展，这个时代的数据量已经发生跨越式的增长。

（1）天文数据：2000 年，斯隆数字巡天（Sloan Digital Sky Survey，SDSS）项目启动的时候，位于美国新墨西哥州的望远镜在几周内收集到的数据，比天文学历史上总共收集的数据还要多。到了 2010 年，这个项目信息档案数据量已经高达 1.4×2^{42} 字节。再看另一组数据，哈勃太空望远镜（Hubble Space Telescope，HST）每天产生 3～5GB 数据，郭守敬望远镜（LAMOST）每年生产 10TB 数据，天眼（FAST）仅 4 小时就可产生 10TB 数据。天文数据已成为天文学研究的重要部分，预计到 2025 年，全球天文数据采集量将达到每年 2.5×10^{10}TB。

（2）互联网数据：谷歌公司在 2014 年曾经指出："截至 2000 年，人类仅存储大约 12EB 的数据，但如今，我们每天产生 2EB 的数据。过去两年的时间里产生了世界上 90%以上的数据。"这只是 2014 年的数据，时至今日，数据量更是大得惊人。Excelcom 公司在 2016 年发布了一份"互联网一分钟产生数据"的图表，图表展示了一分钟内互联网产生的数据：40 万人登录微信，2 万人使用视频或语音聊天，百度有 416 万个搜索请求，1.5 亿封电子邮件进行了发送，YouTube 上有 278 万个视频被观看，WhatsApp 上发送了 2000 万条信息。以上仅仅列举了部分知名的互联网巨头公司的数据，如果统计整个互联网数据，数据量将会更大。2017 年，淘宝每天产生的数据都高达 7TB。

（3）物联网数据：物联网（Internet of Things，IoT）是新一代信息技术的重要组成部分。物联网的含义就是物物相连的互联网。物联网产生大量数据，数据时代的到来使物联网获得极大的发展。在投资方面，物联网的资金投入预计从 2015 年的 2150 亿美元增长到 2020 年的 8320 亿美元；而物联网上设备的数量，高通公司预计 2020 年连网设备数量有望达到 250 亿台以上，阿里云预计 2020 年物联网连接设备将达到 200 亿台以上。物联网中的每台设备都会产生大量的数据，物联网的发展是推动电子数据爆炸式增长的主要动力。

如此庞大的数据，蕴含着巨大的价值。随着大量数据存储和采集技术的发展，不同的机构都可以较容易地收集到大量的数据，但对大量数据的信息分析成为一个较为困难的事情。针对大量数据的分析，传统的数据分析技术存在不足，主要体现在对这些大数据无法分析或者处理性能低等。另外，即使有些数据量较小，但也可能因为数据的一些特点，不适用传统的数据分析方法。在这种情况下，大数据技术的出现很好地解决了大量数据的计算问题，针对大量数据的挖掘工作也取得长足的进步。

1.1.2　数据分析技术的发展

随着数据分析技术的发展，尤其是数据库技术的发展，数据挖掘的出现也是一个必然的趋势。

数据库技术始于 20 世纪 60 年代中期，距今已有几十年，经历三代演变，出现了巴克曼（C.W. Bachman）、科德（E. F. Codd）和格雷（J. Gray）三位图灵奖得主，发展成了以数据建模和数据库管理系统（DBMS）等核心技术为主，内容丰富的一门学科。20 世纪 60 年代，传统的文件系统已经不能满足人们对数据管理和数据共享的需求（文件系统存在数据冗余、数据联系弱等问题）。在这种需求下，能够统一管理和共享数据的数据库管理系统（DBMS）应运而生。代表数据管理技术进入数据库阶段的标志是 20 世纪 60 年代末和 70 年代初的三件大事：1968 年 IMS 系统（层次模型）的研制成功，1969 年 DBTG 报告（网状系统）的发布，1970 年科德（E. F. Codd）文章（关系模型）的发表。

1968 年，IBM 公司研制出的数据库管理系统（Information Management System，IMS）

是层次数据库系统的典型代表。1969 年，数据系统语言会议（Conference on Data Systems Languages，CODASYL）提出了一份"DBTG 报告"，根据其实现的系统一般称为 DBTG 系统，现有的网状数据库系统大都是采用 DBTG 方案。层次和网状数据库系统是第一代数据库系统。层次数据库开拓了数据库系统，而网状数据库则是数据库概念、方法、技术的奠基者。网状数据库和层次数据库很好地解决了文件系统存在的一些问题（集中和共享），但在数据独立性和抽象级别上仍有较大的欠缺。

1970 年，IBM 公司的科德发表了一篇名为 "*A Relational Model of Data for Large Shared Data Banks*" 的论文，提出了关系模型的概念，奠定了关系模型的理论基础。之后科德又陆续发表多篇文章，论述了范式理论和衡量关系系统的 12 条标准，用数学理论奠定了关系型数据库的基础。1970 年，关系模型建立之后，IBM 公司在圣何塞实验室确立了著名的 System R 项目，其目标是论证一个全功能关系 DBMS 的可行性。该项目结束于 1979 年，完成了第一个实现 SQL 的 DBMS。关系型数据库系统的代表产品有 Oracle、DB2、SQL Server 以及 Informix 等。

随着信息技术和市场的发展，关系型数据库系统的局限性也逐渐显露出来：它能很好地处理"结构化的数据"，却对越来越多的复杂类型的数据无能为力。20 世纪 90 年代以后，在相当长的一段时间内，技术领域将重点放在研究"面向对象的数据库系统（Object Oriented Database）"上。然而，理论的完善并未带来市场的响应。面向对象数据库产品没有获得普遍认可的主要原因在于，其主要设计思想是取代现有的数据库系统，对很多企业来说，改变一个现有的成熟的系统，同时使用一种全新的产品，是工作量巨大且充满未知的。

20 世纪 60 年代后期，决策支持系统（Decision Support System，DSS）出现了，决策支持系统解决非结构化问题，是服务于高层决策的管理信息系统。一般 DSS 包括数据库、模型库、方法库、知识库和会话部件。DSS 数据库不同于一般 DBMS，它有很高的性能要求，一般由数据仓库（Data Warehouse）来充当 DSS 数据库。1988 年，为解决企业集成问题，IBM 公司的研究员巴里·德夫林（Barry Devlin）和保罗·墨菲（Paul Murphy）提出了数据仓库（DataWarehouse）的概念。1991 年，恩门（W. H. Inmon）出版了《构建数据仓库》一书，意味着数据仓库真正开始应用。数据仓库是决策支持系统和联机分析应用数据源的结构化数据环境，是一个面向主题（Subject Oriented）的、集成（Integrated）的、相对稳定（Non-Volatile）的、反映历史变化（TimeVariant）的数据集合，用于支持管理决策（Decision Making Support）。

数据挖掘是在数据库技术长期积累、数据量快速增长、数据挖掘算法逐步成熟，这三者条件都具备的情况下的直接产物。通过结合数据仓库技术，数据挖掘在商业领域产生了越来越大的作用。

数据库技术的演变如图 1-1 所示。从图 1-1 中可以清楚地了解数据库技术的发展，从网状、层次数据库到关系型数据库，再到后期的专用数据库、NoSQL 数据库的出现等。

在数据库发展的每个阶段，用户的需求也是不一样的，表 1-1 给出了这些年来用户需求以及数据库技术发展的对比。数据挖掘技术与数据仓库和 OLAP 技术的结合，在商业、电信、银行、科研等领域均有应用，并且能处理的数据类型也不仅仅是结构化的二维表，流、时间、空间、多媒体等数据均可进行知识的挖掘。

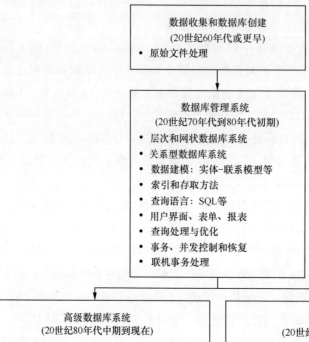

图 1-1　数据库技术的演变

表 1-1　　　　　　　　　　　　数据库技术发展与用户需求对比

进化阶段	商业问题	支持技术	产品厂家(公司)	产品特点
数据搜集(20 世纪 60 年代)	过去五年中我的总收入是多少	计算机、磁带和磁盘	IBM、CDC	提供历史性的、静态的数据信息
数据访问(20 世纪 80 年代)	在北京的分部去年 3 月的销售额是多少	关系型数据库(RDBMS)、结构化查询语言(SQL)、ODBC	Oracle、Sybase、Informix、IBM、Microsoft	在记录级提供历史性的、动态的数据信息
数据仓库；决策支持(20 世纪 90 年代)	在北京的分部去年的销售额是多少？具体分析每个月的销售额	联机分析处理(OLAP)、多维数据库、数据仓库	Pilot、IBM、Arbor、Oracle	在各种层次上提供回溯的、动态的数据信息
数据挖掘(正在流行)	下个月广州的销售会怎么样？为什么	高级算法、多处理器计算机、海量数据库	Pilot、Lockheed、IBM、SGI	挖掘数据中反映的内在规律；提供预测性的信息

1.2　数据挖掘的概念

数据挖掘(Data Mining)是 20 世纪 80 年代出现的一种技术。作为一个跨学科的领域，数据挖掘有着多种定义。数据挖掘可翻译为资料探勘、数据采矿。它是数据库知识发现(Knowledge Discovery in Database，KDD)中的一个步骤。数据挖掘一般是指从大量数据中通过算法搜索出隐藏于其中的信息的过程。数据挖掘通常与计算机科学有关，并通过统计、联机分析处理、情报检索、机器学习、专家系统(依靠过去的经验法则)和模式识别等诸多方法来实现上述目标。这种关于数据挖掘的定义是狭义的定义，将数据挖掘当成知识发现的一个步骤。还有一种广义的定义，认为数据挖掘就是一个完整的知识发现，包括数据清理、建模、评估等全过程。

1.2.1　数据挖掘的定义与 OLAP

数据挖掘是从大量的、不完全的、有噪声的、模糊的、随机的应用数据中，提取出潜在且有用的信息的过程，并且这个过程是自动的，这些信息的表现形式可以为规则、概念、模型、模式等。数据挖掘是一种综合技术，在对业务数据进行处理的过程中，需要用到很多领域的知识，如数据库、统计学、应用数学、机器学习、模式识别、数据可视化、信息科学、程序开发等领域的理论和技术，如图 1-2 所示。

数据挖掘的核心是利用算法模型对预处理后的数据进行训练，训练后获得数据模型。

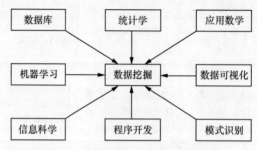

图 1-2　数据挖掘与其他学科的关系

企业数据的数据量巨大，但真正具有价值的信息却比较少，想要获得有用的信息，需要对大量的数据进行深层分析。商业信息的处理技术可以分为两个层次。在浅层次上，我们可利用数据库管理系统的查询、检索功能，与多维分析、统计分析方法相结合，进行联机分析处理（On-Line Analytical Processing，OLAP），得出可供决策参考的统计分析数据。在深层次上，我们可从数据中发现前所未有的、隐含的知识。OLAP 的出现早于数据挖掘，它们都是从数据中抽取有用信息的方法，就决策支持的需要而言，两者是相辅相成的。OLAP 可以看作一种广义的数据挖掘方法，旨在简化和支持联机分析，而数据挖掘的目的是使这一过程尽可能自动化。

1.2.2　数据挖掘与知识发现

数据挖掘与知识发现有很密切的联系，从狭义的角度讲，数据挖掘是知识发现的一个环节；从广义的角度讲，数据挖掘与知识发现的含义是相同的。

知识发现（Knowledge Discovery in Database，KDD）是一个完整的数据分析过程，主要包括以下几个步骤。

1. 确定知识发现的目标

这一步是确定知识发现的目的，要发现哪些知识。对于医疗数据，我们要确定是根据病人的特征预测其患病类型，还要根据关联规则为专家系统提供一些支持；对于电商网站的商品评价，我们的目标可能是对评价进行情感分析，并获得评价关键词。知识发现的第一步是制订目标，目标制订后，就可以根据目标的需求，确定数据采集、预处理、模型选择等后续的步骤。

2. 数据采集

这一步是将可能与知识发现目标相关的数据采集到指定的系统中。这里说的数据采集可以是从网络爬取的数据，也可以是从数据库中直接导出的数据，还可以是常见的 CSV 文件等数据。

采集到的数据维度要满足目标的需求，如果需要的字段特征没有采集到，挖掘出的知识会偏离实际情况，就如数据挖掘领域有一句话："数据质量决定挖掘的上限，而算法仅仅是逼近这个上限。"例如，如果有一个关于房价预测的挖掘过程，在数据的特征中没有房子所处的地理位置信息，那么根据这份数据获得的房价预测的评分一定是很低的。

3. 数据探索

按上述步骤采集到的数据，往往是不可以直接使用的，需要数据分析人员对数据进行探索。探索主要包括数据特征的基本统计描述、数据特征间的相似/相异性等。数据探索阶段可以采用可视化技术，将数据的特征展现出来。离散型数据和连续型数据适用不同的算法模型，数据的分布规律决定其是否符合某些算法模型的要求。通过数据探索后，我们就可以有的放矢地进行下一步——数据预处理的环节了。

4. 数据预处理

数据预处理主要包括数据清理、数据集成、数据归约、数据变换和离散化等几个部分。

（1）数据清理主要包括缺失值与异常值的清理。针对缺失值，可以采用简单的删除，但如果缺失值的比例达到一定阈值，就需要用户去判断在采集过程中是否出现了问题，不可以进行简单的删除操作了。因为一旦删除了数据，数据所代表的信息就无法找回。也可以将缺失值用默认值替换，或是采用拉格朗日插值法对缺失值进行填充等。

（2）数据集成主要是指将多种数据源汇集到一起，放入一个数据仓库的过程。在数据集成的过程中会出现实体识别（Entity Resolution）、冗余属性识别、数据值冲突等问题。在将多种数据源集成时，实体识别是很常见的事情。实体识别可描述成在一个或多个数据源中的不同记录是否被描述为同一个实体，同一实体在数据集成过程中可被用于数据去重和连接键等集成操作中。这里用一个数据库中的实例说明。如果 A 表有一个字段为 stu_id，B 表有一个字段为 stu_num，那么这两个字段是否都为同一个实体的属性呢？如果是同一个属性，那么在集成时，这个字段可以作为多表关联的条件，生成新表时保留两者中的一个值就可以。冗余属性识别是指是否某些属性之间存在相关性，或者一个属性可以由其他的属性推导得出。数据值冲突指的是不同数据源中针对同一个实体的属性值不同，这可能是单位不一致导致的。数据集成就是在多种数据源的集成过程中，解决上述的几个问题，形成一个大的、不冗余的、数值清楚的数据表。

（3）数据归约是指在保证原始数据信息不丢失的前提下，减少分析使用的数据量。数据归约中最常使用的方式是维归约。维归约的含义是将原先高维的数据合理地压缩成低维数据，从而减少数据量，常用的方法为特征的提取，如线性性别分析（Linear

Discriminant Analysis，LDA）和主成分分析（Principal Component Analysis，PCA）。特征的提取为从海量数据中选择与挖掘目标相关的属性组成一个子表，不包含无关的属性。例如在关于泰坦尼克号生存数据的数据挖掘中，船客姓名与幸存率是无关的，就可以不放入子表中。LDA 是基于有监督的降维，PCA 是基于方差的聚类降维，都可以对高维数据进行降维。假定某公司进行一次知识发现的任务，选取的数据集为数据仓库中的全部数据（数据量基本在数 TB 以上），固然这样可以获得的数据是最完整的，但由于数据仓库中的数据非常大，在如此大的数据集上进行复杂且存在迭代计算的数据分析，所要花费的时间是很长的，分析一个结果可能需要一个月的时间。时间不能满足用户的需求，所以这种全量数据的分析是不可行的。数据归约技术采用维归约和数据量归约等方式，可以对数据仓库中的海量数据进行提取，获得较小数据集，仍可大致保留原数据的完整性。这样，在允许的时间内就可以完成一个效率和效果兼顾的数据挖掘任务。

（4）数据的变换是将原始的特征数据进行归一化和标准化的操作。归一化是将原始数值变为（0,1）之间的小数，变换函数可采用最小/最大规范化等方法。标准化是将数据按比例缩放，使之落入一个小的特定区间，常用的函数为 z-score，标准化处理后的均值为 0，标准差为 1。一般标准化要求原始数据近似符合高斯分布。归一化的原因在于不同变量往往量纲不同，归一化可以消除量纲对最终结果的影响，使不同变量具有可比性。在数据挖掘过程中，数值较大的特征，会被算法赋予较大权重，但实际情况是数值较大，并不一定代表该特征更重要。归一化和标准化后的数据可以避免这个问题的出现。

（5）数据的离散化可通过聚类、直方图、分箱等方法完成，本书在此不进行详细介绍。

5. 数据挖掘（模型选择）

数据挖掘（模型选择）是对预处理后的数据进行挖掘的过程。传统的数据挖掘将算法大体分为有监督的学习与无监督的学习两种（近年来连接主义提出的强化学习，本书不介绍）。有监督的学习与无监督的学习的区别主要在于原始数据是否具有标签。如果有标签就为有监督的学习，如果无标签则为无监督的学习。有监督的学习可分为分类和回归两种，具体的算法包括线性回归、逻辑回归、贝叶斯、支持向量机等。无监督的学习主要为聚类，也包括数据降维中的部分算法，具体的算法为 K-Means、DBSCAN、PCA 降维等。数据挖掘的过程主要就是针对不同的数据集选择模型算法，不同的算法模型适应不同的任务，算法的选择在目标的制订阶段就要有所考虑。选择模型的一种方式是使用多种模型进行数据的训练，再对每种结果进行评估，选择其中误差最小的模型即可。当然模型的选择也有一定的规律可循，选择过程如图 1-3 所示。具体如何选择，读者可在阅读本书关于算法的内容后，再来参考这个算法的选择路线图。关于这个路线的相关介绍，读者可以在 Python 的 Sklearn 库的官网中查看。

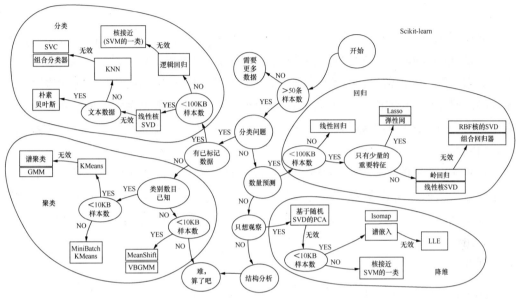

图 1-3　算法模型的选择路线

6. 模式评估

模式评估是对数据挖掘结果的评价，也是评价这个算法模式效果好与坏的标准，常见的评价指标有精度、召回率等。

知识发现的过程如图 1-4 所示。

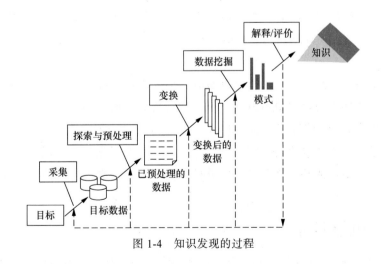

图 1-4　知识发现的过程

1.3 数据挖掘的功能与应用领域

数据挖掘是一门以应用为导向的技术。数据挖掘的主要功能是从现有的信息（Existing Information）中提取数据的模式（Pattern）和模型（Model）。数据挖掘可以从多种数据来源中提取信息，然后从信息中挖掘出相关的模式和内在关系。数据挖掘可以用来找出各种可能存在的模型，但模型是否有效，还需要用户根据现实判断。可以说，数据挖掘是一门专做数据支撑的技术。近来发展迅猛的人工智能也使用了数据挖掘技术作为它的数据支撑。

近年来，"互联网+"的运营模式为各行各业都带了海量的数据，面对这些数据，从中挖掘出有效的信息和模式，成为企业待解决的问题。在这种问题的驱动下，数据挖掘技术在很多领域都发挥了巨大的作用。下面介绍数据挖掘技术在电子商务、电信行业、金融行业、医疗行业、社会网络等领域的应用，并提出现阶段数据挖掘应用面临的问题。

1.3.1 电子商务

现阶段电子商务的数据量是很大的，国内最大的电商平台——淘宝每天的数据量达到7TB。面对如此庞大的数据，从商品的成交记录、客户订单记录等数据挖掘相应的数据模型就显得尤为重要。通过对用户的数据进行挖掘分析，我们可以做到以下几点：识别客户的购买行为，有针对性地向客户推荐其感兴趣的产品；了解客户的商品评价，从中分析出客户满意与不满意的地方，分别进行提升和改进；部署物流仓储中心的位置，优化商品到达客户手中的时间与提升满意度；了解客户的相关关键绩效指标（Key Performance Indicator，KPI），优化网站设计，提升定制化服务，增加用户黏性。

例如，电商平台想要上线一批新款服装，但在用户的推广上出现选择困难，这时可利用数据挖掘中的聚类算法进行预测：首先加载历史数据，根据用户的购买行为、消费水平等进行聚类分簇，获得每个簇的群体特征；然后根据相应簇的类别进行相应的推送。电商平台上常见的"猜你喜欢""购买该产品的用户还购买了"等都属于关联分析，其依据就是通过基于用户或基于物品的关联分析，获知顾客的购买行为，帮助电商平台制订营销策略。

1.3.2 电信行业

电信运营商为用户提供了包括上网、通话、视频等多方面的服务，已经推出的三网融合（电信网、有线电视网、互联网）为电信运营商提供了更多的业务，更多的业务意味着更多的数据。某省电信用户 3000 万户，每日产生的数据量大约为 2TB。在数据量逐渐增加的情况下，如何对这些数据进行分析，成了电信运营商比较关注的问题。

下面对电信运营商基于 GPRS 数据的挖掘工作做简单概述。GPRS 业务关联分析：电信运营商使用数据挖掘技术对 GPRS 数据中的用户特征进行数据挖掘，发现数据中的潜在用户、用户偏好、消费潜力等信息，再根据客户性质，对客户群进行聚类分析，将客户群体进行划分，然后根据消费额度进行分类，从而找出高价值客户群，找出与高价值客户关联大的业务，根据关联的分析进行业务销售。常见的电信领域的数据挖掘应用包括用户画像、用户推荐、用户挽回、基于地理位置的精准营销等。

1.3.3　金融行业

现阶段的银行、P2P 金融机构、保险公司的数据库都存储着大量的客户数据，如基本信息、征信、消费习惯、理财记录等。这类金融数据大多有着可靠、完整及高质量的特点，对其进行针对性的数据挖掘，将会获得极大的价值。常见的金融行业的数据挖掘应用包括：应用多维分析技术预测金融市场的变化趋势；应用孤立点分析技术进行欺诈监测，探测异常信用卡使用行为，可以判断洗钱等犯罪行为；应用分类技术对顾客信用进行分类，为客户请求服务提供数据支撑。

举一个基于孤立点分析金融数据的案例：用户使用支付宝交易时，系统会对支付宝交易的信息（包括时间、地点、商户名称、金额、频率等）进行实时检测，然后根据这笔交易行为是否为一个孤立点，来判断这笔交易行为是否属于盗刷行为。如果属于盗刷行为，则这笔交易可能会被终止。在支付宝的每笔交易中，支付宝都会从多风险维度去判断交易风险。

1.3.4　医疗行业

医疗领域中的数据量是巨大的。以人类的基因数据为例，每个人的基因大约有 30 亿个碱基对，大约需要 6GB 的存储空间；医疗机构的检测设备数据、病人档案、人类疾病史等也是巨量的数据。对这些医疗数据进行数据挖掘，可以获得数据中的相关模式，发现数据中的知识规律，在某种程度上有助于医疗人员发现疾病隐藏的规律，提高疾病诊断的准确性。同时对医疗数据采用数据挖掘技术也可为医疗行业的发展提供数据支撑，不断地促进人类医疗健康事业的发展。

下面介绍一个医疗领域判断肿瘤的案例：肿瘤细胞有哪些特点呢？肿瘤细胞具有不死性、迁移性和失去接触抑制等特点。在医疗领域中，以前我们要准确判断细胞是否是肿瘤细胞，需要经验丰富的医生通过病理切片。现在我们可以通过数据挖掘的方式，使检测系统自动识别出肿瘤细胞，具体的方式是通过分类模式识别。首先，针对收集细胞的特征形成一个特征宽表，特征包括半径、质地、周长、面积、光滑度、对称性、凹凸性等，同时标明该细胞是否为肿瘤细胞；其次，在特征宽表的基础上使用分类模型进行训练，完成对肿瘤细胞的判断。通过以上方式判断肿瘤的效率会得到很大提升，同时还可以通过主观（医生）+客观（模型）的方式进行交叉验证，提升检测的准确性。

1.3.5 社会网络

在社会中，人与人之间都存在各种各样的联系和影响，不是简单的独立点。社会网络就是将人与人（数据实例）之间的关系考虑进来，用图的结构表述。一个社会网络由很多节点和连接这些节点的一种或多种特定的链接所组成，节点表示个人或团体，即传统数据挖掘中的数据实例，链接则表示了它们之间存在的各种关系，包括血缘、情感、认知、行动、距离等。社会网络分析在数据挖掘中被称为链接挖掘。通过对社会网络的挖掘，我们可以获得关于数据实例的信息，同时，链接关系本身是有价值信息的，可以通过当前观察来预测未来在某个时刻某个链接是否存在。

举一个基于社会网络分析的案例：某电信手机用户，每天会产生通话记录，电信运营商通过该手机用户的通话记录，可绘制该用户的关系网络。基于用户的通话记录，采用一度人脉至三度人脉、平均通话频次、平均通话量等指标，可构建出客户影响力指标体系。对用户的社会影响力分析表明，影响力大的客户流失会导致关联客户流失，同时在产品的扩散上，选择影响力大的客户作为起点，推动新套餐的扩散将更加容易。此外，在银行（分析担保网络）、保险（分析团伙欺诈）、互联网（分析社交互动）中，社会网络分析也应用较广。

1.3.6 数据挖掘应用面临的问题

在大数据时代，数据挖掘应用主要面临以下几个问题。

（1）数据源的多样性：不同应用的运行环境，使用的终端是不同的，甚至同一种应用运行在不同的终端上，其生成数据的结构也是不一样的。数据可能是结构化数据，也可能是非结构化数据，还可能是半结构化数据。对这些不同结构的数据的集成是大数据时代数据挖掘面临的问题之一。

（2）数据挖掘算法的改进：在进行数据挖掘的过程中，传统的单机性能提升已不足以应对现阶段的海量数据，或使用单机的成本太高。在这种情况下，出现了很多分布式的架构。部分算法就需要基于分布式计算和云计算进行改进。

（3）数据隐私保护：在数据领域，曾有人说过，"发布一份数据很容易，若想删除这份数据却很难"。从我们的数据进入互联网以来，每个人的数据都在不同程度地被一些企业机构所掌握，互联网的交互性使个人隐私被暴露，而且这种数据的暴露是个人无法了解的。一些公司会根据用户的历史行为，进行不同类型的电话推销。随着数据挖掘技术的产品化和电子产品的普及化，如何有效保护个人的数据安全是数据挖掘迫切需要解决的问题。

1.4　数据挖掘的模型

前几节内容介绍了数据挖掘出现的历史背景、数据挖掘与知识发现的关系、广义数据挖掘的一般步骤，以及数据挖掘的应用领域。可以从中了解到数据挖掘的作用是对数据进行分析，挖掘出其中的模型，并支撑对应的业务系统。

数据挖掘模型是指根据具体的数据形式，使用数据挖掘技术完成目标的过程。数据挖掘模型是根据数据挖掘的任务确定的，不同的数据挖掘任务对应不同的数据挖掘模式，如分类任务对应分类模式。一般而言，数据挖掘任务可以分为描述和预测两大类。描述性挖掘任务描述数据库中数据的一般性质；预测性挖掘任务对当前数据进行推断，以做出预测。本节将先对数据挖掘中的类/概念描述进行介绍，再对数据挖掘的主要任务进行描述。数据挖掘的任务主要集中在回归、分类、预测、关联、聚类、异常检测 6 个方面。前 3 个属于预测性任务，后 3 个属于描述性任务。它们不仅在数据挖掘的目标和内容上不同，所使用的技术也差别较大。

1.4.1　类/概念描述

类/概念描述就是通过对某类对象关联数据的汇总、分析和比较，用汇总、简洁、精确的方式对此类对象的内涵进行描述，并概括这类对象的有关特征，这里的概念与类的含义相同。类/概念描述分为特征性描述和区别性描述。

（1）特征性描述是指从某类对象关联的数据中提取出这类对象的共同特征（属性）。一个类的特征性描述是指该类对象中所有对象所共有的特征。如何对特征性描述进行输出呢？特征性描述的输出方式可以为表格，也可以为饼形图、柱状图等。例如某商场数据库中的商品销售情况，对商品的销售数据，共同的特征可以包括销售地点、商品名称、销售额、销售数量等，对应商品类的数据，都具有以上所述的 4 个属性（特征）。将特征性描述进行输出，得到表 1-2 所示的表格形式，也可以输出为图表的形式，如图 1-5 所示。

表 1-2　　　　　　　　　　　　　　商品类的特征性描述输出（表）

地区	商品	销售额/百万元	数量累计/千台
亚洲	电视	15	300
欧洲	电视	12	250
北美洲	电视	28	450
亚洲	计算机	120	1000
欧洲	计算机	150	1200
北美洲	计算机	200	1800

类别\地区	电视		计算机		电视+计算机	
	销售额	数量	销售额	数量	销售额	数量
亚洲	15	300	120	1000	135	1300
欧洲	12	250	150	1200	162	1450
北美洲	28	450	200	1800	228	2250
所有区域	55	1000	470	4000	525	5000

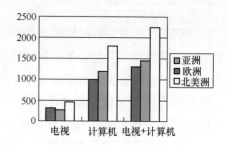

图 1-5　商品类的特征性描述输出（图表）

（2）区别性描述针对具有可比性的两个类或多个类，将目标类的特征与对比类的共性特征进行比较，描述不同类对象之间的差异。例如，针对一个学校的讲师和副教授的特征进行比较，可能会得到如下一条区别性描述。

讲师——"78%　论文<3 and 授课<2"。

副教授——"66%　论文>=3 and 授课>=2"。

该描述表明该校的 78%的讲师中论文数小于 3 篇，并且授课数为 1 门，该校 66%的副教授论文数大于等于 3 篇，并且授课数大于等于 2 门。

1.4.2　回归

回归（Regression）分析是确定两种或两种以上变量间相互依赖的定量关系的一种统计分析方法，这是统计学中对回归分析的定义，不大容易理解。可通俗地将回归分析解释为通过一种及以上的自变量的值预测因变量的值的过程，回归分析的过程也就是找到自变量与因变量之间的函数关系式的过程。例如，在房价预测的案例中，房屋的特征值有地理位置信息、房屋产权情况、房屋面积等特征，要预测的标签值为房屋的销售价格，这就是一个典型的回归应用，房屋的特征值对应自变量，房屋的标签值对应因变量。

按照回归分析中自变量的数量，可将回归分析分成一元回归和多元回归分析；按照回归分析中因变量的数量，可将回归分析分为简单回归分析和多重回归分析；按照自变量和因变量之间的关系类型，可将回归分析分为线性回归分析和非线性回归分析。如果回归分析只包括一个自变量和一个因变量，且二者的关系可用一条直线近似表示，则这种回归分析被称为一元线性回归分析。如果回归分析包括两个或两个以上的自变量，且自变量之间存在线性相关，则被称为多重线性回归分析。一元线性回归示例如图 1-6 所示。其中，斜线反映因变量 y 随着自变量 x 变化的情况。

回归是数据挖掘中常用的方法，在很多应用领域和应用场景都有使用。对量化型问题，可以先使用回归方法进行研究或分析。例如要研究某地区地理位置与房屋单价的关系，可以直接对这两个变量的数据进行回归分析。常见的回归算法包括线性回归、逻辑回归（逻辑回归实际上做的是分类的任务）、多项式回归、逐步回归、岭回归、Lasso 回归、ElasticNet 回归。

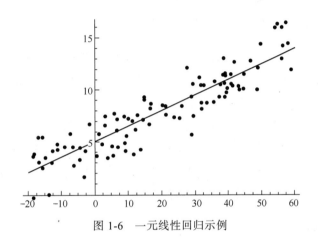

图 1-6　一元线性回归示例

1.4.3　分类

分类（Classification）也是一个常见的预测问题，解决的问题与生活中分类问题基本一致。例如，我们会根据天气的情况决定是否出行，这里的天气情况就是因变量特征值，出行与否就是因变量标签值。分类算法是将我们思考的过程进行了自动化或半自动化。数据挖掘中的分类的典型应用是根据事物在数据层面表现的特征，对事物进行科学的分类。回归与分类的区别在于：回归可用于预测连续的目标变量，分类可用于预测离散的目标变量。

常见的分类算法包括逻辑回归（尽管是回归的算法，但实际上是完成分类的问题）、决策树（包括 ID3 算法、C4.5 算法和 CART 算法）、神经网络、贝叶斯、K 近邻算法、支持向量机（SVM）等。这些分类算法适合的使用场景并不完全一致，需要根据实际的应用评价才能选对适合的算法模型。分类算法的常见应用包括：决策树方法在医学诊断、贷款风险评估等领域的应用；神经网络在识别手写字符、语音识别和人脸识别等领域的应用；贝叶斯在垃圾邮件过滤、文本拼写纠正方向的应用等。

逻辑回归算法示例如图 1-7 所示。从图中可以看出，随着自变量的变化，因变量的值会落在 0～1。因变量的值落在 0.5 以上时，表示一种类别；落在 0.5 以下时，表示另一种类别。

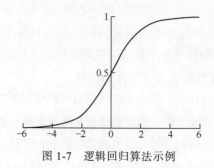

图 1-7　逻辑回归算法示例

1.4.4　预测

预测（Forecasting）是基于历史数据采用某种数学模型来预测未来的一种算法，即以现有数据为基础，对未来的数据进行预测。预测可以发现客观事物的运行规律，预见到未来可能出现的情况，提出各种可以互相替代的发展方案，这样就为人们制定决策提供了科学依据。

预测算法可以分为定性预测和定量预测。从数据挖掘角度看，人们大多使用定量预测。定量预测可分为时间序列分析和因果关系分析两类，其中常用的时间序列分析法有移动平均（ARIMA）、指数平滑等，因果关系分析法有回归方法、计量经济模型、神经网络预测法、灰色预测法、马尔科夫预测法等。

1.4.5　关联

关联（Association）用来发现描述数据中强关联特征的模式。如何挖掘出这个强关联模式呢？例如，电商平台会产生大量订单，每个订单都包含几种或更多商品，针对这个电商平台的订单进行分析，分析全部的订单中是否存在经常被购买的商品，假设有 10 种商品出现在订单中的概率很高，那么这 10 商品中的任意 2 种或是任意 N 种组合出现的频率是否也满足一定阈值呢？可将这种经常出现的 N 种组合商品称为该订单中的频繁 N 项集。在频繁 N 项集中，是否存在某几种商品间的关联性很强，如一种商品的销售带动另一种商品的销售，即在频繁 N 项集中挖掘几种商品的关联性。当两个或多个变量之间存在某种规律性，就称为关联。关联分析的目的是找出数据之间隐藏的关联关系。在关联分析生成的规则中，我们需要使用支持度和置信度作为阈值来度量关联规则的相关性。

关联可以分为以下几种情况。

（1）基于变量类别，关联规则可以分为布尔型和数值型。

布尔型的变量是离散化的、种类化的，如性别="男"=>职业="拳击手"，是布尔型关联规则；数值型关联规则可对数值型数据进行处理，也可以包含种类信息，如性别="女"=>收入=3300，是一个数值型关联规则。

（2）基于数据的抽象层次，关联规则可以分为单层关联规则和多层关联规则。

单层关联规则没有将数据看成是具有多个层次的，如 IBM 台式机=>Sony 打印机，是一个单层关联规则；多层关联规则对数据的多层性进行了充分的考虑，如台式机=>Sony 打印机，是一个较高层次和细节层次之间的多层关联规则。

（3）基于数据的维数，关联规则可以分为单维关联规则和多维关联规则。

在单维关联规则中，我们只涉及数据的一个维度，处理单个维度中的一些关系，如啤酒=>尿布；而在多维关联规则中，要处理的数据将涉及多个维度，处理各个维度之间的关系，如性别="女"=>职业="秘书"，这条规则就涉及两个字段的信息，是两个维度上的一条关联规则。

常用的关联算法有 Apriori、FP-tree、HotSpot 等。

1.4.6　聚类

聚类（Cluster）是一种理想的多变量统计技术。聚类的思想可用"物以类聚"来表述，讨论的对象是大量无标签值的样本，要求能按样本的各自特征在无标签的情况下对样本进行分类，是在没有先验知识的情况下进行的。聚类是将数据分类到对应的类（簇）的过程，聚类过程的原则是追求较高的类内相似度和较低的类间相似度。常见的聚类过程为：根据用户的购买行为刻画客户的画像特征，再对用户进行聚类分析，将用户分到不同的类别。

聚类分析起源于分类学，聚类是先看样品大致可分成几类，然后再对样品进行分类，也就是说，聚类是为了更合理地分类。根据聚类原理，可将聚类分为划分聚类、层次聚类、基于密度的聚类、基于网格的聚类。在实践中用得比较多的聚类有 K-Means、层次聚类、神经网络聚类、DBSCAN 聚类等。图 1-8 中的聚类结果经过如下步骤形成：将样品分成 3 类（$K=3$），然后在样本中随机选取 3 个样本点，进行 K-Means 算法的迭代，完成最终的聚类。

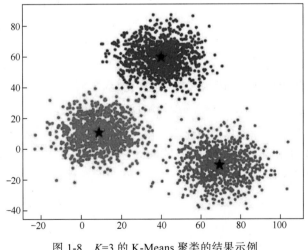

图 1-8　$K=3$ 的 K-Means 聚类的结果示例

1.4.7　异常检测

异常对象被称为离群点，异常检测（Anomaly Detection）也可称为离群点检测。离群点产生的原因是数据来源不同、数据测量误差、数据收集误差等。异常检测的目的是识别出数据特征显著区别于其他数据的异常对象（离群点或异常点）。例如，在一份数据中，某员工年龄的信息为−999，这个数据是明显异常于正常员工的年龄范围的，这个异常点可能是年龄的默认值产生的。这种异常点的数据是无效的，需要进行处理，但也并非所有的异常点数据都是无效的。例如，一个公司中的薪酬分布情况可能有较大差异，首席执行官的工资远远高于公司其他雇员的工资，在使用异常检测时，会被检测为一个离群点，对这种离群点进行检查，会确定离群点的数据值是正常的，不需要处理。上面的两个案例说明异常检测算法的真正目标是发现真正的异常点，同时要避免将正常的对象标注为异常点，一个良好的异常检测算法需同时具有高检测率和低误报率两种特性。需要指出的是，许多算法会尝试减少离群点对数据集的影响，或者排除它们，但是这可能导致重要的隐藏信息丢失，因为有时离群点本身可能有非常重要的意义。

下面介绍一个离群点检测在金融领域的应用——信用卡欺诈行为检测。信用卡发卡银行记录每个持卡人的交易行为，同时也记录持卡人的额度、年薪和地址等个人信息，与合法信用卡交易相比，欺诈行为的数目相对较少，因此可通过异常检测来构建用户的合法交易轮廓。实时检测持卡人的每一笔交易，如果某笔交易的特性与先前所构造的轮廓的差别很大，就把交易标记为可能是欺诈，然后进行相关的提醒或执行拦截操作。

离群点检测的算法大致可以分为以下几类：经典的离群点检测方法，包括基于统计学或模型的方法、基于距离或邻近度的方法、基于偏差的方法、基于密度的方法和基于聚类的方法；一些新提出来的离群点检测方法，包括基于关联的方法、基于模糊集的方法、基于人工神经网络的方法、基于遗传算法或克隆选择的方法等。

本节提到的这几种数据挖掘模型的实质是一致的，所以也不必在意到底该用哪个数据挖掘模型，适合自己的就好。从便于理解和操作的角度，可将数据挖掘过程描述为挖掘目标的定义、数据的准备、数据的探索、模型的建立、模型的评估、模型的部署，简称为 DPEMED（Definition、Preparation、Explore、Modeling、Evaluation、Deployment）模型，它们之间的关系如图 1-9 所示。

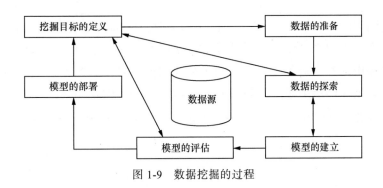

图 1-9　数据挖掘的过程

1.5　数据挖掘的数据类型

只要是能被数据挖掘所加载的、对挖掘目标有含义的数据，均可被挖掘。在数据挖掘的定义中，对数据的需求描述是从大量的、不完全的、有噪声的、模糊的、随机的应用数据中，提取出潜在且有用的信息的过程。常见的数据类型按照数据的结构化程度可分为数据库数据、数据仓库数据、文本、图像、音频、日志等。其中数据库数据、数据仓库数据是结构化数据，文本、Web、空间、多媒体等数据是非结构化数据。需要说明的是，非结构化数据往往要经过数据预处理等环节转换成结构化数据，才能进入模型训练环节。

1.5.1　数据库

数据库系统是指在计算机系统中引入数据库后的系统，即具有数据处理功能的系统，一般由数据库、数据库管理系统、应用系统和用户构成。数据库（DataBase，DB）是长期存储的、有组织的、可共享的相关数据的集合，也就是数据真正存储的地方。存储的数据格式为表。数据库管理系统（DataBase Management System，DBMS）是建立、运用、管理、控制和维护数据库，并对数据进行统一管理和控制的系统软件。数据库管理系统定义数据的结构、保障数据的安全性和一致性等，我们对数据库中的数据集合进行操作，依赖的就是数据库管理系统。数据库主要应用的数据操作为联机事务处理（On-Line Transaction Processing，OLTP）。其主要特点为数据存取频率高，响应时间要求快，存取数据量小，数据存储安全可靠，同时包括了事务的概念。

数据类型为关系型数据库中的表时的数据挖掘过程：加载数据库中的表数据，进行适当的预处理（关系型数据中的数据为高度结构化数据，减少了很多数据预处理的过程），再进行模型的训练。举个例子，某银行的关系型数据库中存储着一张信用卡申请表，表中的数据包含着申请人的信息，以及是否申请通过的结果，表数据如图 1-10 所示。这个关于信用卡的数据特征有29个，第1～28个特征项的数值无明显的物理意义，这些特征是经过 PCA 降维或归一化操作的数据。Amount 也是特征项，Class 为类标签。在基于这张表中的数据进行挖掘时，可使用逻辑回归算法判断申请人的信用风险，然后返回是否应该提供信用额度。如果要提供额度，则将 Class 的数值置为1，否则置为0。如果可以提供信用额度，那么具体额度的大小还需要使用回归类别的挖掘算法进行预测。

V4	V5	V6	V7	V8	V9	...	V21	V22	V23	V24	V25	V26	V27	V28	Amount	Class
55	-0.338321	0.462388	0.239599	0.098698	0.363787	...	-0.018307	0.277838	-0.110474	0.066928	0.128539	-0.189115	0.133558	-0.021053	149.62	0
54	0.060018	-0.082361	-0.078803	0.085102	-0.255425	...	-0.225775	-0.638672	0.101288	-0.339846	0.167170	0.125895	-0.008983	0.014724	2.69	0
780	-0.503198	1.800499	0.791461	0.247676	-1.514654	...	0.247998	0.771679	0.909412	-0.689281	-0.327642	-0.139097	-0.055353	-0.059752	378.66	0
291	-0.010309	1.247203	0.237609	0.377436	-1.387024	...	-0.108300	0.005274	-0.190321	-1.175575	0.647376	-0.221929	0.062723	0.061458	123.50	0
034	-0.407193	0.095921	0.592941	-0.270533	0.817739	...	-0.009431	0.798278	-0.137458	0.141267	-0.206010	0.502292	0.219422	0.215153	69.99	0

图 1-10　信用卡数据信息

1.5.2　数据仓库

数据仓库是面向主题的、集成的、相对稳定的、随时间不断变化（不同时间）的数据集合，与传统数据库面向应用相对应。数据仓库所面向的操作主要为联机分析处理（OLAP），数据仓库的出现有效地解决了各个部门的数据信息孤岛的存在。OLTP 与 OLAP 的区别如表 1-3 所示。

表 1-3　　　　　　　　　　　　　OLTP 与 OLAP 的区别

项目	OLTP	OLAP
用户	操作人员，低层管理人员	决策人员，高级管理人员
功能	日常操作处理	分析决策
数据库设计	面向应用	面向主题
数据	当前的、最新的、细节的、二维的、分立的	历史的、聚集的、多维的、集成的、统一的
存取	读/写数十条记录	读上百万条记录
工作单位	简单的事务	复杂的查询
用户数	上千个	上百万个
数据库大小	一般 10GB 以下	一般 100GB 以上
时间要求	具有实时性	对时间的要求不严格
主要应用	数据库	数据仓库

OLTP（联机事务处理）作用在关系型数据库上，常见的操作为增、删、查、改，这是数据库的基础。OLAP 是数据仓库的核心部分，数据仓库是对大量经过 OLTP 操作后

形成的数据进行分析的分析型数据库，可用于商业智能、决策支持等方向。数据仓库是在数据库应用到一定程度之后对历史数据的加工与分析，读取较多，更新较少。

数据类型为数据仓库时，可结合数据挖掘形成一个新决策系统，新决策系统不同于传统的决策系统。决策支持系统的概念出现在 20 世纪 70 年代。1980 年，斯拉格（Sprague）明确了决策支持系统的基本组成，提出了决策支持系统三部件（对话部件、数据部件、模型部件）结构，大力推动了决策支持系统的发展。20 世纪 80 年代末到 90 年代初，专家系统（Expert System，ES）与决策支持系统互相融合，发展成智能决策支持系统（Intelligent Decision Support System，IDSS）。20 世纪 90 年代中期出现了数据仓库（DW）、联机分析处理（OLAP）和数据挖掘（DM）技术，三者结合在一起，逐渐形成了新决策支持系统的概念。

新决策支持系统的特点是从数据中获取辅助决策信息和知识，完全不同于传统决策支持系统用模型和知识辅助决策。我们把数据仓库、联机分析处理、数据挖掘、模型库、数据库、知识库结合起来形成的决策支持系统称为综合决策支持系统（Synthetic Decision Support System，SDSS）。它是传统决策支持系统和新决策支持系统结合起来的决策支持系统，也是更高级形式的决策支持系统。综合决策支持系统发挥了传统决策支持系统和新决策支持系统的辅助决策优势，实现更有效的辅助决策。综合决策支持系统是今后的发展方向。数据挖掘结合数据仓库的过程如图 1-11 所示。

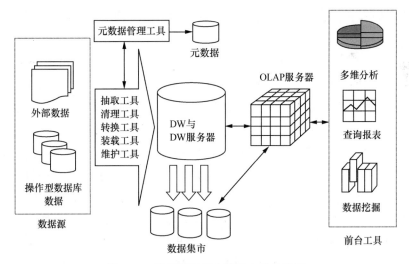

图 1-11　数据挖掘结合数据仓库的过程

1.5.3　其他数据类型

其他数据类型包括时间相关或序列数据（如历史记录、股票交易数据、时间序列和生物学序列数据)、数据流（如视频监控和传感器数据，它们连续播送）、空间数据（如地图）、工程设计数据（如建筑数据、系统部件或集成电路）、超文本和多媒体数据（包括文本、图像、视频和音频数据）、图和网状数据（如社会和信息网络）和万维网（由Internet 提供的巨型、广泛分布的信息存储库）等类型。以文本挖掘为例，文本挖掘是目前比较热门的领域，其中对文本的处理大致要包含分词、词干提取、文本向量化、知识提取等基本步骤。

1.6 数据挖掘的交叉学科

数据挖掘是一个多学科的交叉学科，这里选取其中的 3 个相关学科——统计学、机器学习、数据库与数据仓库进行介绍，这些学科与数据挖掘的蓬勃发展息息相关。

1.6.1 统计学

统计学是关于认识客观现象总体数量特征和数量关系的科学。它是通过搜集、整理、分析统计资料，认识客观现象数量规律性的方法论科学。由于统计学的定量研究具有客观、准确和可检验的特点，所以统计方法就成为实证研究的最重要的方法，广泛适用于自然、社会、经济、科学技术各个领域的分析研究。

统计学是一门古老的科学，其历史可追溯到古希腊的亚里士多德时代。它起源于研究社会经济问题，在两千多年的发展过程中，统计学经历了"城邦政情""政治算术"和"统计分析科学"3 个发展阶段。"统计分析科学"课程的出现是现代统计学发展阶段的开端。现代统计学的理论基础是概率论，大约始于 1477 年，为研究赌博的机遇问题，数学家对支配机遇进行了长期的研究，逐渐形成了概率论理论框架。在概率论的基础上，19 世纪初，数学家们逐渐建立了观察误差理论、正态分布理论和最小平方法则等，它们构成了现代统计方法坚实的理论基础。统计学的英文 Statistics 最早是由高特弗瑞德·阿亨瓦尔（Gottfried Achenwall）于 1749 年使用，代表对国家的资料进行分析的学问。

数据挖掘的很多技术都来源于统计分析，是统计分析方法的扩展和延伸。大多数的统计分析技术都有着完善的数学理论，使用统计分析技术对数据进行分析预测的准确程度还是较高的，但完成这一过程的难度较大，有一定的技术要求。统计分析为数据挖掘提供数据探索的必要理论知识基础，包括方差分析、假设检验、相关性分析、线性预测、时间序列分析等。统计分析也为数据挖掘结果的解释提供了很多度量指标，包括最大值、最小值、平均值、方差、四分位、个数、概率分配等。数据挖掘是利用计算机技术，通过指定的程序完成统计分析技术的功能，这些技术的应用使数据人员即使不了解内部原理，也可以获得良好的分析和预测结果。

1.6.2　机器学习

机器学习（Machine Learning，ML）是一门多领域交叉学科，研究方向为计算机模拟或实现人类的学习行为，学习新的知识，并能利用新的知识，不断改善自身的性能。计算机科学的很多方面或计算机之外的很多学科都有数据分析任务的需求，机器学习作为数据分析中的常用技术，对这些学科都产生了较大的影响。机器学习是数据挖掘中的一种重要工具，为数据挖掘提供了数据分析技术。统计学往往偏向理论的研究，很多研究的技术需要变成有效的机器学习算法后，才会被应用到数据挖掘领域。数据挖掘中的很多算法来源于机器学习，但由于数据挖掘关注海量数据的知识发现，而机器学习的算法有些没有针对海量数据的性能优化，因此数据挖掘需要将部分机器学习的算法进行改造，以符合海量数据处理时的技术和性能要求。

数据挖掘用到了大量的机器学习领域提供的数据分析技术和数据库领域提供的数据管理技术。从数据分析的角度来看，数据挖掘与机器学习有很多相似之处，不同之处也十分明显，例如，数据挖掘并没有机器学习探索人的学习机制这一科学发现任务，数据挖掘中的数据分析是针对海量数据进行的分析等。从某种意义上说，机器学习的科学成分更重一些，而数据挖掘的技术成分更重一些。由此可见，数据挖掘和机器学习两个领域有相当大的交集，但不能等同。

1.6.3　数据库与数据仓库

数据库（DataBase）产生于距今 60 多年前，随着信息技术和市场的发展，数据仓库也获得了发展。关于数据库和数据仓库的知识，读者可以阅读 1.1 节中的内容或自行拓展，这里不再赘述。

数据仓库可以作为数据挖掘和 OLAP 等分析工具的资料来源，存放于数据仓库中的数据需要经过 ETL（Extralt-Transform-Load，提取-转换-加载）过程，因此可以避免因数据的不正确而得不到正确的分析结果。数据挖掘和 OLAP 的差别在于 OLAP 使用用户指定的查询条件，对数据进行复杂的、多维度的查询动作，数据挖掘则能自动地在资料来源中挖掘出未曾被发现的知识。

简单来说，数据挖掘就是从大量数据中提取数据的过程，数据仓库是汇集所有相关数据的一个过程；数据挖掘和数据仓库都是商业智能工具集合，数据挖掘是特定的数据收集，数据仓库是一个工具（可节省时间和提高效率，将数据从不同的位置不同区域组织在一起）。

第 2 章
Pandas 数据分析

本章首先介绍统计学与数据挖掘的关系，然后通过介绍统计学的一些经典案例，使读者对统计学的应用有一个初步的认知。最后介绍一些常用于数据分析的统计学指标，以及基于 Python 实现的统计学模块 Pandas。

本章讲解的问题大多属于自然语言计算的范畴。已具备一些基础知识的读者，可以有选择地学习本章的有关内容。

本章重点内容如下。

（1）Pandas 的数据结构。

（2）Pandas 统计分析常用到的函数。

（3）使用 Pandas 进行数据分析。

2.1 Pandas 与数据分析

2.1.1 统计学与数据挖掘

统计学是关于认识客观现象总体数量特征和数量关系的科学。它是通过搜集、整理和分析统计资料认识客观现象数量规律性的方法论科学。由于统计学的定量研究具有客观、准确和可检验的特点，所以统计方法就成为实证研究的最重要的方法，并被广泛应用于自然、社会、经济、科技等各个领域的分析中。

当我们使用统计学进行数据挖掘时，统计学的方法可用于汇总或描述数据集，也可用于验证数据挖掘结果。统计学是以某种方式模拟数据，解释数据的随机性和确定性，并用于提取观察到的结论，如果结果不可能随机发生，则说明它具有统计学意义。

下面通过两个例子来介绍统计学是如何应用于数据挖掘的。

1. 格朗特与死亡公报

英国商人和自然哲学家约翰·格朗特（John Graunt）是英国最负盛名的科学组织——英国皇家学会的成员，其《关于死亡公报的自然和政治观察》一书出版于 1662 年，主要分析当时每周公布的洗礼数据和 1604—1661 年间的死亡名单。格朗特使用的主要算法工具是远离现代分析领域的三点法，即通过三个已知数字 a、b 和 c，根据比例关系 a：b=c：d 来计算未知数 d。应用此方法，他成功地得出男性与女性出生率之比始终稳定在 14：13 左右的结论，并且进一步证明男性更可能死于战争、海洋航行和死刑，因此成年男女人数基本相等。依据所有死亡原因，格朗特对不同年龄儿童和成人死亡率进行了初步估计：5 岁以下儿童死亡的比例约为 1/3，6 岁以下儿童死亡的比例约为 1/2。格朗特首先提出并计算了第一个已知的生命表，并估计伦敦 16～56 岁的成年男性占总人口的 34%，大约有 7 万人可以在战争时成为士兵。格朗特也证明了谋杀不是死亡的主要原因。他第一次利用死亡公报中的历史积累数据来批评当时流行的民意：瘟疫总是伴随着一个新的王朝。格朗特承认他研究死亡公报的原因之一是他喜欢从死亡公报中提取新的结论，基于目前的"原始数据"，发现在死亡公报中待挖掘的数据和隐含信息。格朗特通过系统分析，以及利用数学知识揭示数字之间的关系，发现数据中隐含的信息，这一思想与现代数据挖掘技术有一定的相似之处。

2. 文本统计与文学作品鉴真

通过对文章选择词汇类型的统计分析，研究词语和词汇的发生频率，并根据一定数量的语料库计算平均句子长度和平均词长，最终掌握作者的文体风格或文献的基本特征，这种研究方法被称为计算文献计量学。它已被广泛应用于文学作品和文学作品的作者鉴定，并逐渐成为社会科学领域的一门新兴学科。例如，为了回应 18 世纪的论点，"莎士比亚真的存在吗？""莎士比亚是弗朗西斯·培根吗？"研究人员通过文本统计和比较分析证实了莎士比亚和培根文章的平均长度词的数量完全不同；再如，诺贝尔奖获得者肖洛霍夫的小说《静静的顿河》被怀疑抄袭哥萨克作家克留柯夫的作品，捷泽等学者通过对比两个作品的词类、句子长度和句子的文章数据结构，最终确认肖洛霍夫是真正的作者。此外，美国统计学家摩斯·泰勒和瓦莱斯使用类似的研究方法来验证文章《联邦主义者》的作者是美国第四任总统麦迪逊；研究人员已经证实，《爱德华三世》确实是莎士比亚的作品。

2.1.2　常用的统计学指标

在进行数据分析时，经常会使用一些分析指标或术语。这些指标或术语可以帮助我们打开思路，通过多个角度对数据进行深度解读。下面是数据统计分析常用的指标或术语。

1. 平均数

平均数一般指算术平均数。算术平均数是指全部数据累加除以数据个数。它是非常重要的基础性指标。

（1）几何平均数：适用于对比率数据的平均，并主要用于计算数据平均增长（变化）率。

（2）加权平均数：普通的算术平均数的权重相等，算术平均数是特殊的加权平均数（权重都是1）。

例如，某人射击10次，其中2次射中10环，3次射中8环，4次射中7环，1次射中9环，那么他平均射中的环数为：

$$（10×2+9×1+8×3+7×4）÷10=8.1$$

2. 绝对数与相对数

绝对数是反映客观现象总体在一定时间、地点条件下的总规模和总水平的综合性指标，如GDP。此外，绝对数也可以表现在一定条件下数量的增减变化。相对数是指两个有联系的指标对比计算得到的数值，它是用以反映事物性质发展变化趋势的指标。其中：

$$相对数=比较数值（比数）/基础数值（基数）$$

比数：与基数对比的指标数值。

基数：对比标准的指标数值。

3. 百分比与百分点

百分比表示一个数是另一个数的百分之几的数，也叫百分率。百分点是用以表达不同百分数之间的"算术差距"（即差）的单位。用百分数表达其比例关系，用百分点表达其数值差距。1个百分点即1%，表示构成的变动幅度不宜用百分数，而应该用百分点。

例如，0.05和0.2分别是数，而且可分别化为百分数（5%和20%）。于是比较这两个数值有以下几种方法。

（1）0.2是0.05的四倍，也就是说20%是5%的四倍，即百分之四百（400%）。

（2）0.2比0.05多三倍，也就是说20%比5%多三倍，即百分之三百（300%）。

（3）0.2比0.05多0.15，也就是说20%比5%多15个百分点。

4. 频数与频率

频数是指一组数据中个别数据重复出现的次数。频数是绝对数，频率是相对数。

5. 比例与比率

比例与比率都是相对数。比例是指总体中各部分的数值占全部数值的比重，通常反映总体的构成和结构；而比率是指不同类别数值的对比，它反映的不是部分与整体之间的关系，而是一个整体中各部分之间的关系。这一指标经常会用在社会经济领域。

6. 倍数与番数

倍数与番数同属于相对数。其中，倍数是一个数除以另一个数所得的商。例如 $A \div B = C$，C 就是 A 的倍数（倍数一般是表示数量的增长或上升幅度，而不适用于表示数量的减少或下降）。而番数是指原来数量的 2 的 N 次方倍。比如翻一番就是原来的数的 2 倍，翻两番就是原来的数乘以 4，翻三番就是原来的数乘以 8。

7. 同比与环比

同比是指与历史同时期进行比较得到的数据，该指标主要反映的是事物发展的相对情况，如 2012 年 12 月与 2011 年 12 月相比。英文翻译同比为 year-on-year ratio。环比是指与前一个统计期进行比较得到的数值，该指标主要反映的是事物逐期发展的情况，如 2010 年 12 月与 2010 年 11 月相比。环比的英文可翻译为 compare with the performance/figure/statistics last month。同比是与上年的同期水平对比，环比是同一年连环的两期对比。

8. 基线和峰值、极值分析

峰值是指增长曲线的最高点（顶点），如我国总人口在 2033 年将达峰值 15 亿。在数学上，拐点指改变曲线向上或向下方向的点，在统计学中指趋势开始改变的地方，出现拐点后的走势将保持基本稳定。

9. 增量与增速

增量是指数值的变化方式和程度。如 3 增大到 5，则 3 的增量为+2；3 减少到 1，则 3 的增量为−2。增速是指数值增长程度的相对指标。

2.1.3　Pandas 的简单介绍

在实现基于统计学分析的数据挖掘中，最常用的工具是 Pandas。Pandas 全称是 Python Data Analysis Library，是一种基于 NumPy 的工具，该工具是为了解决数据分析任务而创建的。Pandas 纳入了大量的库和一些标准的数据模型，提供了高效地操作大型数据集所需的统计工具。Pandas 提供了大量能使用户快速便捷地处理数据的函数和方法，这是使 Python 成为强大而高效的数据分析环境的重要因素之一。

在使用 Pandas 进行数据分析之前，先简单地介绍 Pandas 的数据结构以及常用的统计分析函数。

Pandas 的两种核心数据结构如下。

1. Pandas 一维数据结构：Series

Series 是类似 NumPy 的一维数组，但其还具有额外的统计功能。下面通过几个简单示例介绍 Series。

（1）Series 的创建方法。

```
>>>import pandas as pd
>>>a = pd.Series([1, 2, 3, 4, 5])
>>>a
0    1
1    2
2    3
3    4
4    5
dtype: int64
```

（2）使用下标和切片对 Series 进行访问。

```
>>>a = pd.Series([11, 22, 33, 44, 55])
>>>a[1:3]
1    22
2    33
dtype: int64
```

（3）求平均值 mean 函数的调用方法。

```
>>>a = pd.Series([1, 2, 3, 4, 5])
# 求平均值
>>>print(a.mean())
3.0
```

（4）Series 的数组间的运算。

```
>>>a = pd.Series([1, 2, 3, 4])
>>>b = pd.Series([1, 2, 1, 2])
>>>print(a + b)
>>>print(a * 2)
>>>print(a >= 3)
>>>print(a[a >= 3])
0    2
1    4
2    4
3    6
dtype: int64
0    2
1    4
2    6
3    8
dtype: int64
0    False
1    False
```

```
2       True
3       True
dtype: bool
2       3
3       4
dtype: int64
```

（5）Series 数据结构的索引创建方式，索引在 Series 中称为 index。

```
>>>a = pd.Series([1, 2, 3, 4, 5], index=['a', 'b', 'c', 'd', 'e'])
>>>a
a       1
b       2
c       3
d       4
e       5
dtype: int64
```

2. Pandas 二维数据结构：DataFrame

DataFrame 是 Pandas 的二维数据结构，类似矩阵，但其在拥有矩阵型的数据结构同时，也拥有丰富的函数支持，这使用户在使用 DataFrame 时可以实现快速的数学运算，这也是它被应用于统计学的原因。下面通过几个简单示例介绍 DataFrame。

（1）使用字典构建 DataFrame。当然，除了可使用字典构建外，我们还可以通过外部导入，或使用 Series 创建 DataFrame。

```
>>> d = {'col1': [1, 2], 'col2': [3, 4]}
>>> a = pd.DataFrame(data=d)
>>> a
    col1    col2
0      1       3
1      2       4
```

（2）使用列索引和 loc 函数访问 DataFrame 的数据，loc 函数的参数为设置的访问条件。

```
>>>print(a['col1'])
>>>print(a.loc[a['col1']>1,'col2'])
0       1
1       2
Name: col1, dtype: int64
1       4
Name: col2, dtype: int64
```

（3）函数的调用方法。

```
>>>print(a.mean())
col1    1.5
col2    3.5
dtype: float64
```

（4）DataFrame 的数组的运算操作。

```
>>>d = {'col1': [1, 2], 'col2': [3, 4]}
>>>a = pd.DataFrame(data=d)
>>>d2 = {'col1': [1, 3], 'col3': [1, 4]}
>>>b= pd.DataFrame(data=d2)
>>>print(a+b)
>>>print(a*2)
>>>print(a>1)
   col1  col2  col3
0    2   NaN   NaN
1    5   NaN   NaN
   col1  col2
0    2    6
1    4    8
    col1   col2
0  False  True
1  True   True
```

（5）为 DataFrame 设置索引的方式。

```
>>>a=a.set_index('col2')
>>>print(a)
      col1
col2
3        1
4        2
```

从上面的例子不难发现，Pandas 因为内置大量的统计函数，使用方式也很简便，所以被广泛地运用在统计学分析领域。下面介绍 Pandas 支持的常用统计函数及其对应的功能，如表 2-1 所示。

表 2-1　　　　　　　　　　Pandas 模块的主要统计函数及功能

函数名	功能描述
count	求观测值的个数
sum	求和
mean	求平均值
mad	求平均绝对方差
median	求中位数
min	求最小值

续表

函数名	功能描述
max	求最大值
mode	求众数
abs	求绝对值
prod	求乘积
std	求标准差
var	求方差
sem	求标准误差
skew	求偏度系数
kurt	求峰度
quantile	求分位数
cumsum	求累加
cumprod	求累乘
cummax	求累最大值
cummin	求累最小值
cov()	求协方差
corr()	求相关系数
rank()	求排名
pct_change()	求时间序列变化

2.2　Pandas 统计案例分析

2.2.1　实现 Pandas 自行车行驶数据分析

在 2.1 节中我们已经了解了 Pandas 的一些简单用法，下面通过简单的案例来介绍如何使用 Pandas 进行数据的统计分析。

假设现在有一组自行车行驶数据，这组数据记录的是蒙特利尔市内 7 条自行车道的自行车骑行人数，下面用 Pandas 对其进行分析。原始数据集 bikes.csv 可以在 Pandas 官方网站下载。

（1）导入 Pandas。

```
>>>import pandas as pd
```

（2）准备画图环境。

```
>>>import matplotlib.pyplot as plt
>>>pd.set_option('display.mpl_style', 'default')
>>>plt.rcParams['figure.figsize'] = (15, 5)
```

（3）使用 read_csv 函数读取 CSV 文件，读取一组自行车骑行数据，得到一个 DataFrame 对象。

```
# 使用 latin1 编码读入，默认的 UTF-8 编码不适合
>>>broken_df = pd.read_csv('bikes.csv', encoding='latin1')
# 查看表格的前 3 行
>>>broken_df[:3]
Date;Berri 1;Brébeuf (données non disponibles);Côte-Sainte-Catherine;
Maisonneuve 1;Maisonneuve 2;du Parc;Pierre-Dupuy;Rachel1;St-Urbain (données
non disponibles)
0                    01/01/2012;35;;0;38;51;26;10;16;
1                    02/01/2012;83;;1;68;153;53;6;43;
2                    03/01/2012;135;;2;104;248;89;3;58;
```

（4）对比原始文件与 read_csv 函数读入的前 3 行（即图 2-1 和导入的 CSV 数据结构），可发现读入的原始数据未发生变化，这将导致我们无法提取属性列，这是因为原数据使用";"作为分隔符，read_csv 函数无法自动识别，需定义，且首列的日期文本格式为 dd/mm/yyyy（不符合 Pandas 的时间日期格式）。

```
head -n 5 bikes.csv
```

```
Date;Berri 1;Brébeuf (données non disponibles);Côte-Sa
inte-Catherine;Maisonneuve 1;Maisonneuve 2;du Parc;Pie
rre-Dupuy;Rachel1;St-Urbain (données non disponibles)
01/01/2012;35;;0;38;51;26;10;16;
02/01/2012;83;;1;68;153;53;6;43;
03/01/2012;135;;2;104;248;89;3;58;
04/01/2012;144;;1;116;318;111;8;61;
05/01/2012;197;;2;124;330;97;13;95;
```

图 2-1　自行车数据前 5 行的样式

（5）修复读入问题。

① 定义";"作为分隔符，下面代码参数设定 sep=';'即实现数据分隔。
② 解析 Date 列（首列）的日期文本。
③ 设置日期文本格式。
④ 使用日期列作为索引。

```
>>>fixed_df = pd.read_csv('bikes.csv', encoding='latin1',
                          sep=';', parse_dates=['Date'],
                          dayfirst=True, index_col='Date')
```

```
>>>fixed_df[:3]
                    Berri 1            Brébeuf (données non disponibles) Côte-
Sainte-Catherine  \
Date
2012-01-01            35                          NaN                      0
2012-01-02            83                          NaN                      1
2012-01-03           135                          NaN                      2


                  Maisonneuve 1  Maisonneuve 2  du Parc  Pierre-Dupuy  Rachel1  \
Date
2012-01-01            38             51          26           10          16
2012-01-02            68            153          53            6          43
2012-01-03           104            248          89            3          58


                  St-Urbain (données non disponibles)
Date
2012-01-01                       NaN
2012-01-02                       NaN
2012-01-03                       NaN
```

（6）读取 CSV 文件，所得结果是一个 DataFrame 对象，每列对应一条自行车道，每行对应一天的数据。我们从 DataFrame 中选择一列（如选择 Berri 1），使用类似字典的语法访问选择其中的一列。

```
>>>fixed_df['Berri 1']
Date
2012-01-01            35
2012-01-02            83
2012-01-03           135
2012-01-04           144
2012-01-05           197
2012-01-06           146
2012-01-07            98
2012-01-08            95
2012-01-09           244
2012-01-10           397
2012-01-11           273
2012-01-12           157
2012-01-13            75
2012-01-14            32
2012-01-15            54
2012-01-16           168
2012-01-17           155
2012-01-18           139
```

```
2012-01-19     191
2012-01-20     161
2012-01-21      53
2012-01-22      71
2012-01-23     210
2012-01-24     299
2012-01-25     334
2012-01-26     306
2012-01-27      91
2012-01-28      80
2012-01-29      87
2012-01-30     219
 . . . . . .
2012-10-07    1580
2012-10-08    1854
2012-10-09    4787
2012-10-10    3115
2012-10-11    3746
2012-10-12    3169
2012-10-13    1783
2012-10-14     587
2012-10-15    3292
2012-10-16    3739
2012-10-17    4098
2012-10-18    4671
2012-10-19    1313
2012-10-20    2011
2012-10-21    1277
2012-10-22    3650
2012-10-23    4177
2012-10-24    3744
2012-10-25    3735
2012-10-26    4290
2012-10-27    1857
2012-10-28    1310
2012-10-29    2919
2012-10-30    2887
2012-10-31    2634
2012-11-01    2405
2012-11-02    1582
2012-11-03     844
2012-11-04     966
2012-11-05    2247
Name: Berri 1, Length: 310, dtype: int64
```

（7）将所选择的列绘成图 2-2 所示的曲线，可以直观地看出骑行人数的变化趋势。

```
>>>fixed_df['Berri 1'].plot()
```

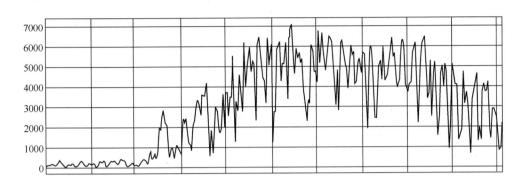

图 2-2　Berri 自行车道的骑行人数变化趋势

（8）绘制所有的列（自行车道），每条车道的变化趋势都是类似的。

```
>>>fixed_df.plot(figsize=(15, 10))
```

（9）假设我们希望了解在周末还是在工作日骑自行车的人更多，那就要在数据结构 Dataframe 中添加一个"工作日"列区分周末和工作日。首先，为了简化问题，我们只考虑贝里（原数据中名为 Berri 1）的自行车路径数据。贝里是蒙特利尔的一条街道，有一条非常重要的自行车道。人们会在去图书馆时骑自行车，有时去旧蒙特利尔时也常常骑自行车。因此，我们将创建一个数据结构 berri_bikes，其中只有贝里自行车道数据。

```
>>>berri_bikes = fixed_df[['Berri 1']].copy()
>>>berri_bikes[:5]
            Berri 1
Date
2012-01-01       35
2012-01-02       83
2012-01-03      135
2012-01-04      144
2012-01-05      197
```

（10）接下来需要添加一个"工作日"列。首先，从索引中获得工作日。索引位于上面的数据框的左边，在"日期"下。

```
>>>berri_bikes.index
DatetimeIndex(['2012-01-01', '2012-01-02', '2012-01-03', '2012-01-04',
               '2012-01-05', '2012-01-06', '2012-01-07', '2012-01-08',
```

```
                         '2012-01-09', '2012-01-10',
                         ...
                         '2012-10-27', '2012-10-28', '2012-10-29', '2012-10-30',
                         '2012-10-31', '2012-11-01', '2012-11-02', '2012-11-03',
                         '2012-11-04', '2012-11-05'],
               dtype='datetime64[ns]', name='Date',length=310, freq=None)
```

（11）我们可以看到，实际的数据是不完整的，通过 length 数据可以发现，一年只有310 天。这是为什么呢？这是因为数据起始时间为 2012-01-01，结束时间为 2012-11-05。Pandas时间序列功能非常强大，所以如果我们要得到每一行的月份，可以输入以下语句。

```
>>>berri_bikes.index.day
Int64Index([ 1,  2,  3,  4,  5,  6,  7,  8,  9, 10,
             ...
            27, 28, 29, 30, 31,  1,  2,  3,  4,  5],
           dtype='int64', name='Date', length=310)
```

（12）为普通日进行索引设置。

```
>>>berri_bikes.index.weekday
Int64Index([6, 0, 1, 2, 3, 4, 5, 6, 0, 1,
             ...
            5, 6, 0, 1, 2, 3, 4, 5, 6, 0],
           dtype='int64', name='Date', length=310)
```

（13）通过上面的语句，可获得一周中的日，通过与日历进行对比会发现数据中的 0 代表的是星期一。我们现在已经知道如何设置普通日进行索引了，接下来需要把普通日的索引设置为 dataframe 中的一列。

```
>>>berri_bikes.loc[:,'weekday'] = berri_bikes.index.weekday
>>>berri_bikes[:5]
              Berri 1   weekday
Date
2012-01-01      35         6
2012-01-02      83         0
2012-01-03     135         1
2012-01-04     144         2
2012-01-05     197         3
```

（14）接下来我们就可以把普通日作为一个统计日进行骑行人数的统计了，这在Pandas 中实现方法非常简单。Dataframes 中有一个 groupby()方法，类似 SQL 语句中的groupby 方法。如果读者对 SQL 语法不清楚，可以自行查阅。该方法实现的语句如下。

```
weekday_counts = berri_bikes.groupby('weekday').aggregate(sum)
```

这一语句的目的是把贝里的车道数据按照相同普通日的标准进行分组并累加。

```
>>>weekday_counts = berri_bikes.groupby('weekday').aggregate(sum)
>>>weekday_counts
        Berri 1
weekday
0       134298
1       135305
2       152972
3       160131
4       141771
5       101578
6        99310
```

（15）这时候我们会发现通过 0、1、2、3、4、5、6 这样的数字很难记住其相对应的日子，可以通过以下方法修改。

```
>>>weekday_counts.index = ['Monday', 'Tuesday', 'Wednesday', 'Thursday',
'Friday','Saturday', 'Sunday']
   >>>weekday_counts
           Berri 1
Monday     134298
Tuesday    135305
Wednesday  152972
Thursday   160131
Friday     141771
Saturday   101578
Sunday      99310
```

（16）通过直方图 2-3 来看统计情况：可以发现蒙特利尔似乎是一个喜欢使用自行车作为通勤工具的城市，因为人们在工作日也大量地使用自行车。

```
>>>weekday_counts.plot(kind='bar')
```

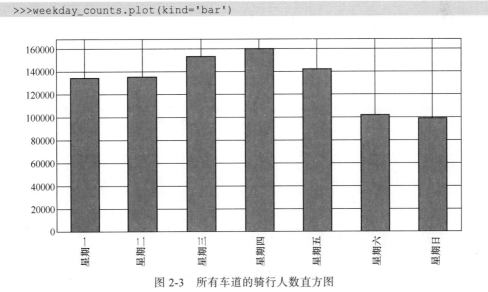

图 2-3　所有车道的骑行人数直方图

2.2.2　实现 Pandas 服务热线数据分析

在 2.2.1 节中我们使用 Pandas 对自行车骑行数据做了一些统计分析。接下来将继续通过一个小实验加深读者对 Pandas 的了解以及理解如何对数据进行统计分析。

假设我们现在有一些电话服务热线数据，记录的是用户拨打某市电话服务热线的地点、内容、时间等数据，下面用 Pandas 对其进行分析，原始数据集 311-service-requests.csv 可以在 Pandas 官方网站进行下载。

（1）导入 Pandas 并准备画图环境。

```
>>>import pandas as pd
>>>import matplotlib.pyplot as plt
>>>complaints = pd.read_csv('311-service-requests.csv')
```

（2）查看数据列属性。

```
>>>complaints[:0]
Empty DataFrame
Columns: [Unique Key, Created Date, Closed Date, Agency, Agency Name,
Complaint Type,Descriptor, Location Type, Incident Zip, Incident Address,
Street Name, Cross Street 1,Cross Street 2, Intersection Street 1, Intersection
Street 2, Address Type, City, Landmark,Facility Type, Status, Due Date, Resolution
Action Updated Date, Community Board, Borough,X Coordinate (State Plane),
Y Coordinate (State Plane), Park Facility Name, Park Borough,School Name, School
Number, School Region, School Code, School Phone Number, SchoolAddress, School
City, School State, School Zip, School Not Found, School or Citywide Complaint,
Vehicle Type, Taxi Company Borough, Taxi Pick Up Location,Bridge Highway Name,
Bridge Highway Direction, Road Ramp, Bridge Highway Segment,Garage Lot Name, Ferry
Direction, Ferry Terminal Name, Latitude, Longitude, Location]
Index: []
[0 rows x 52 columns]
```

（3）选择某一列并查看前 5 个元素。

```
>>>complaints['Complaint Type'][:5]
0      Noise - Street/Sidewalk
1             Illegal Parking
2           Noise - Commercial
3              Noise - Vehicle
4                       Rodent
Name: Complaint Type, dtype: object
```

（4）选择多列并查看前 5 行。

```
>>>complaints[['Complaint Type', 'Borough']][:5]
```

```
Complaint Type               Borough
0  Noise - Street/Sidewalk        QUEENS
1          Illegal Parking        QUEENS
2     Noise - Commercial       MANHATTAN
3        Noise - Vehicle        MANHATTAN
4              Rodent           MANHATTAN
```

（5）下面将分析出最常见的热线电话，也就是在"Complaint Type"列中出现次数最多的值。

```
>>>complaint_counts = complaints['Complaint Type'].value_counts()
>>>complaint_counts[:10]
HEATING                      14200
GENERAL CONSTRUCTION          7471
Street Light Condition        7117
DOF Literature Request        5797
PLUMBING                      5373
PAINT - PLASTER               5149
Blocked Driveway              4590
NONCONST                      3998
Street Condition              3473
Illegal Parking               3343
Name: Complaint Type, dtype: int64
```

（6）画出常用的电话类型直方图，如图 2-4 所示。

```
>>>complaint_counts[:10].plot(kind='bar')
```

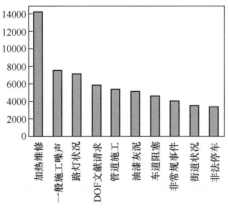

图 2-4　常用的电话类型直方图

（7）如果我们想分析哪一个区的噪声投诉最多，也就是寻找"Complaint Type"字段的值为"Noise -Street/Sidewalk"的记录，该怎么做呢？这里我们构造一个 bool 序列。

```
>>>is_noise = complaints['Complaint Type'] == "Noise - Street/Sidewalk"
>>>is_noise[:5]
0    True
1    False
2    False
3    False
4    False
Name: Complaint Type, dtype: bool
```

（8）使用这个 bool 序列来选择数据中的对应记录。

```
>>>noise_complaints = complaints[is_noise]
>>>noise_complaints[:3]
     Unique Key          Created Date               Closed Date    Agency  \
0    26589651   10/31/2013 02:08:41 AM                      NaN      NYPD
16   26594086   10/31/2013 12:54:03 AM   10/31/2013 02:16:39 AM     NYPD
25   26591573   10/31/2013 12:35:18 AM   10/31/2013 02:41:35 AM     NYPD

             Agency Name              Complaint Type  \
0    New York City Police Department  Noise - Street/Sidewalk
16   New York City Police Department  Noise - Street/Sidewalk
25   New York City Police Department  Noise - Street/Sidewalk

     Descriptor     Location Type Incident     Zip      Incident Address  \
0    Loud Talking      Street/Sidewalk       11432      90-03 169 STREET
16   Loud Music/Party  Street/Sidewalk       10310   173 CAMPBELL AVENUE
25   Loud Talking      Street/Sidewalk       10312      24 PRINCETON LANE

                                                  Bridge Highway Name  \
0                    ...                                          NaN
16                   ...                                          NaN
25                   ...                                          NaN


Bridge Highway Direction   Road Ramp   Bridge Highway Segment Garage Lot Name  \
0                    NaN        NaN                       NaN               NaN
16                   NaN        NaN                       NaN               NaN
```

```
25              NaN         NaN              NaN              NaN

       Ferry Direction    Ferry Terminal Name    Latitude  Longitude  \
0              NaN                    NaN       40.708275 -73.791604
16             NaN                    NaN       40.636182 -74.116150
25             NaN                    NaN       40.553421 -74.196743

                          Location
0    (40.70827532593202, -73.79160395779721)
16   (40.63618202176914, -74.1161500428337)
25   (40.55342078716953, -74.19674315017886)
[3 rows x 52 columns]
```

（9）统计 Borough 列中哪个值出现次数最多。

```
>>>noise_complaints['Borough'].value_counts()
MANHATTAN          917
BROOKLYN           456
BRONX              292
QUEENS             226
STATEN ISLAND       36
Unspecified          1
Name: Borough, dtype: int64
```

（10）计算噪声投诉占总数的百分比。

```
>>>noise_complaint_counts = noise_complaints['Borough'].value_counts()
>>>complaint_counts = complaints['Borough'].value_counts()
>>>percent = noise_complaint_counts / complaint_counts * 100
>>>percent
BRONX             1.483288
BROOKLYN          1.386440
MANHATTAN         3.775527
QUEENS            1.014317
STATEN ISLAND     0.747353
Unspecified       0.014071
Name: Borough, dtype: float64
```

（11）画出噪声投诉最多的区域，如图 2-5 所示。

```
>>>percent.plot(kind='bar')
```

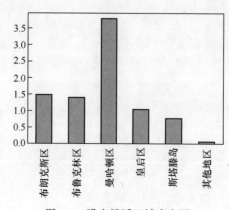

图 2-5　噪声投诉区域直方图

第3章
机器学习

本章首先介绍机器学习的基本概念，然后介绍实现一个机器学习方案的具体流程，以及如何评判一个机器学习方案的好坏。在讨论过机器学习的基本框架后，我们简单介绍并实现支持向量机。支持向量机是机器学习中非常典型的一个应用模型，其应用广泛且极具代表性。本章最后介绍了机器学习过程中常见的一些问题。

本章重点内容如下。

（1）机器学习的概念。

（2）机器学习的模型。

（3）机器学习的评判。

（4）支持向量机。

（5）过拟合问题。

3.1 数据挖掘中的机器学习

3.1.1 机器学习的含义

Machine Learning is the field of study that gives computers the ability to learn without being explicitly programmed.

机器学习（Machine Learning）是计算机科学的一个领域，它使用统计技术给计算机系统提供"学习"（即逐步提高特定任务的性能）的能力，而不是显式编程。

——Arthur Samuel（亚瑟·塞缪尔）

机器学习的核心目标是从经验数据中推导出规律，并将这种规律应用于新的数据中。我们把机器从经验数据中推导并找到规律的这一过程称为"学习"，把将规律应用于新数据这一过程称为"预测"，其中的规律称为"模型"。

我们可以把机器想象成一个小孩子。为简单起见，先考虑二元分类的例子，场景是父母带小孩去公园，公园里有很多人在遛狗，父母会告诉小孩哪些是狗。假设此时一只猫跑了过来，父母告诉小孩这不是狗。久而久之，小孩就会产生认知模式，这就是"学习"的过程。所形成的认知模式就是"模型"。小孩经过训练之后，若再跑过来一只动物时，父母再问小孩"这是狗吧？"他会回答"是"或"否"，这就叫"预测"。

3.1.2 机器学习处理的问题

我们可以将机器学习处理的问题分为两大类，具体介绍如下。

1. 监督学习

监督学习是指通过设置所谓的"正确答案"教会机器如何学习，其中的数据带有类别标记（正确答案），即我们想要预测的结果值，包括下面介绍的内容。

（1）分类

分类的经验数据属于两个或更多个标记类别，我们想从已经标记的数据中学习如何预测未标记数据的类别。分类问题的一个例子是手写数字识别，其目的是将每个输入向量分配给有限数目的离散类别之一。我们通常把分类视作监督学习的一个离散形式（区别于连续形式），从有限的类别中，给每个样本贴上正确的标签。

（2）回归

如果期望的输出由一个或多个连续变量组成，则该任务称为回归。回归问题的一个例子是预测鲑鱼的长度是其年龄和体重的函数。

2. 无监督学习

无监督学习是指不设置所谓的"正确答案"去教会机器如何学习，而是让它自己发现数据中的规律，其训练数据由没有任何类别标记的一组输入向量 x 组成。这种问题的目标可能是在数据中发现彼此类似的示例所聚成的组，称为聚类；或者是确定输入空间内的数据分布，称为密度估计；又或者是从高维数据投影空间缩小到二维或三维空间以进行可视化。

3.1.3 机器学习的框架

我们在建立机器学习的框架时，会用到诸多 Python 程序模块，如 NumPy、SciPy、Scikit-learn、Matplotlib 等，应确保建立框架前已经安装了所有的第三方模块。

那么什么是机器学习的框架呢？我们可以回想小孩识别狗的例子，在这个例子中不难发现，小孩在进行认知学习的过程中，整个学习过程是可以进行拆分的，可以拆分为以下步骤。

① 选择知识。

② 选择学习方法。

③ 学习或记忆。

④ 运用。

⑤ 评测学习效果。

⑥ 知识保存到脑海中。

我们选择了让小孩认识狗这样的实例，选择了通过大量认识进行学习。在小孩进行大量认知的练习后，可以将所知的认知运用到识别新的动物中，通过大人的评测后，小孩就会将这个知识保存在自己的脑海中，这不就是一个人类典型的学习过程吗？那么基于这样的一个学习过程，是否可以复制在机器上呢？其实，构建机器学习的过程，即构建机器学习框架的步骤与人类学习的步骤是一样的。

本小节中主要使用 Python 第三方模块 Scikit-learn 来构建机器学习的基本框架，而构建一个机器学习框架一般有以下步骤，这与人类学习的步骤是一一对应的。

① 数据的加载。

② 选择模型。

③ 模型的训练。

④ 模型的预测。

⑤ 模型的评测。

⑥ 模型的保存。

构建一个机器学习框架似乎并不容易实现，好在 Scikit-learn 模块已经帮用户搭建好框架，如图 3-1 所示为使用 Scikit-learn 模块构建机器学习框架的前 5 个部分，即数据的加载、选择模型、模型的训练、模型的预测、模型的评测。其中我们使用 getData 方法泛指数据的加载，somemodel 方法泛指选择模型，fit 方法实现训练，predict 方法实现预测，score_function 方法评测模型。

```
train_x, train_y, test_x, test_y = getData()

model = somemodel()
model.fit(train_x,train_y)
predictions = model.predict(test_x)

score = score_function(test_y, predictions)
```

图 3-1　Scikit-learn 机器学习模块实现机器学习基本框架

3.1.4　数据的加载和分割

为了方便学习，我们使用 Scikit-learn 机器学习模块自带的数据集进行数据的加载练习。Scikit-learn 机器学习模块提供了一些自带的数据集，例如，用于分类的 iris、digits 和波士顿房价回归等数据集。下面我们通过例子来了解如何进行数据的加载。

（1）启动一个 Python 解释器，然后加载 iris 和 digits 数据集。

```
#导入数据集模块
>>> from sklearn import datasets
#分别加载 iris 和 digits 数据集
>>> iris = datasets.load_iris()
>>> digits = datasets.load_digits()
```

（2）数据集是一个类似字典的对象，它保存有关数据集的所有数据和一些样本特征数据，通常存储在 .data 成员中。而在有监督的学习中，一个或多个标记类别存储在 .target 成员中。例如，在 digits 数据集中，digits.data 保存的是分类的样本特征。

```
#分别加载 digits 数据集样本特征数据
>>> print(digits.data)
[
  [  0.   0.   5. ...,   0.   0.   0.]
  [  0.   0.   0. ...,  10.   0.   0.]
  [  0.   0.   0. ...,  16.   9.   0.]
  ...,
  [  0.   0.   1. ...,   6.   0.   0.]
[  0.   0.   2. ...,  12.   0.   0.]
[  0.   0.  10. ...,  12.   1.   0.]
]
```

（3）而 digits.target 表示数据集内每个数字的真实类别，也就是我们期望从每个手写数字图像中学得的相应的数字标记。

```
#分别加载 digits 数据集样本特征类别
>>> digits.target
array([0, 1, 2, ..., 8, 9, 8])
```

通常，在训练有监督的学习的机器学习模型的时候，会将数据划分为训练集和测试集，划分比例一般为 0.75:0.25。对原始数据进行两个集合的划分，是为了能够选出效果（可以理解为准确率）最好的、泛化能力最佳的模型。

机器学习是从数据的属性中学习经验，并将它们应用到新数据的过程。这就是为什么机器学习中评估算法的普遍实践是把数据分割成训练集（我们从中学习数据的属性）和测试集（我们测试这些性质）。

训练集（Training Set）的作用是用来拟合模型，通过设置分类器的参数来训练分类模型。

通过训练，得出最优模型后，使用测试集（Test Set）进行模型预测，以衡量该最优模型的性能和分类能力。即可以把测试集视为从来不存在的数据集，当已经确定模型后，再使用测试集进行模型性能评价。

接下来介绍如何将数据合理地分割成训练数据集和测试数据集，这里把参数 test_size 设置成 0.4，表示分配了 40% 的数据给测试数据集，剩下 60% 的数据将用于训练数据集。

```
>>> from sklearn.model_selection import train_test_split
>>> from sklearn import datasets
>>> x = iris.data
>>> y = iris.target
>>> iris.data.shape, iris.target.shape
((150, 4), (150,))
>>>X_train,X_test,y_train,y_test=train_test_split(iris.data,iris.target,test_size=0.4, random_state=0)
>>> X_train.shape, y_train.shape
((90, 4), (90,))
>>> X_test.shape, y_test.shape
((60, 4), (60,))
```

3.2 机器学习的模型

3.2.1 模型的选择

在机器学习的有监督的学习和无监督的学习中存在着大量实现类似功能的模型，如何选择一个合适的模型就显得至关重要。在面对大量的机器学习模型时，我们该如何选择呢？我们需要思考以下问题。

（1）数据的大小、质量及性质。

（2）可用计算时间。

（3）任务的急迫性。

（4）数据的使用用途。

在没有测试过不同算法之前，即使是经验丰富的数据科学家和机器学习算法开发者也不能分辨出哪种模型性能最好。我们并不提倡一步到位，但是确实希望根据一些确定的因素为模型的选择提供一些参考意见。参考图 1-3 所示的机器学习模型速查表可帮助用户从大量模型中筛选出解决特定问题的模型。用户通过速查表上的路径和模型标签可以进行模型的选择，例如：如果用户想要降维，那么使用主成分分析（Randomized PCA）；如果用户需要得到快速的数值型预测，那么使用决策树或逻辑回归；如果用户需要层级结果，那么使用层级聚类。

模型的选择有时会应用不止一个分支，而有时又找不到一个完美的匹配。重要的是这些路径是基于经验法则的推荐，因此并不十分精确。很多学者说找到最佳算法的唯一方法就是尝试所有算法。

3.2.2 学习和预测

从数据中学得模型的过程称为"学习"（Learning），这个过程通过执行某个学习模型算法来完成。模型对应了关于数据的某种潜在的规律，亦称"假设"（Hypothesis）；这种潜在规律则称为"真相"或"真实"（Ground-truth），学习过程就是为了找出或逼近真相。

图 3-2 是我们使用 Scikit-learn 模块实现的机器学习训练与预测。此处我们利用训练数据集训练了 transformer 模型，向 transformer 模型的 fit 方法提供输入训练数据集（X_train）后即可训练模型。接着，我们利用训练好的模型预测了训练数据的输出结果，向 transformer 模型的 transform 方法提供输入测试数据集实现预测，而有时使用的是 predict 方法。

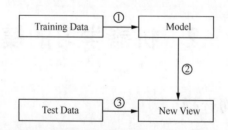

① transformer.fit(X_train)
② X_train_transf=transformer.transform(X_train)
③ X_test_transf=transformer.transform(X_test)

图 3-2　Scikit-learn 实现机器学习训练与预测

3.2.3 实现机器学习模型

本节我们针对 Iris 数据集创建分类模型，实现有监督的学习的训练与预测。Iris 数据集是常用的分类实验数据集，由费希尔（Fisher）于 1936 年收集整理。Iris 也称鸢尾花数据集，是一类用于多重变量分析的数据集。包含 150 个数据集，分为 3 类，每类 50 个数据，每个数据包含 4 个属性：共花萼长度 Sepal.Length、花萼宽度

Sepal.Width、花瓣长度 Petal.Length 和花瓣宽度 Petal.Width。这 4 个属性可用于预测鸢尾花属于 Setosa、Versicolour、Virginica 三类中的哪一类。

在 Scikit-learn 模块中，分类模型是一个 Python 对象，它实现了 fit(X,y) 和 predict(T) 等方法，其中，fit 方法实现了模型的训练，而 predict 方法实现了模型的预测。在这里我们选择分类算法 kNN 来实现分类功能。模型的构造函数以相应模型的参数作为参数，但目前我们只须把 kNN 分类模型视为黑箱即可。我们通过下面的例子来了解如何进行数据加载和模型训练预测。

（1）数据的导入，我们将模型实例命名为 knn，它是一个分类模型（Classifier），分类模型是需要学习过程的。也就是说，它必须从训练数据集中学习。这是通过将训练集传递给 fit 方法完成的。我们采用 train_test_split() 方法分割后的 X_train 和 y_train 对象变量作为训练集。

```
# 导入 iris 数据集
>>> from sklearn.datasets import load_iris
# 分割数据模块
>>> from sklearn.model_selection import train_test_split
# K 最近邻（kNN, k-Nearest Neighbor）分类算法
>>> from sklearn.neighbors import KNeighborsClassifier
#加载 iris 数据集
>>> iris = load_iris()
>>> X = iris.data
>>> y = iris.target
#分割数据
>>> X_train, X_test, y_train, y_test = train_test_split(X, y, random_state=4)
```

（2）建立模型进行训练和预测。

```
#建立模型
>>> knn = KNeighborsClassifier()
#训练模型
>>> knn.fit(X_train, y_train)
#预测模型
>>> knn.predict(X_test)
```

3.3　模型的评判和保存

3.3.1　分类、回归、聚类不同的评判指标

一般来说，我们把模型的实际预测输出与样本的真实输出之间的差异称为"误差"

（Error），模型在训练集上的误差称为"训练误差"（Training Error）或"经验误差"（Empirical Error），在新样本上的误差称为"泛化误差"（Generalization Error）。显然，我们希望得到泛化误差小的模型。然而，我们事先并不知道新样本是什么，实际能做的就是努力使经验误差最小化。在很多情况下，我们可以学得一个经验误差很小、在训练集上表现很好的模型。例如，对所有训练样本都分类正确，即分类错误率为0、分类精度（Precision）为100%的模型。但这确定是我们想要的模型吗？遗憾的是，这样的模型在多数情况下都不好。

在介绍如何评判一个机器学习模型的性能之前，先讨论一下性能指标。当处理机器学习模型时，我们需要依据不同的模型选择不同的评测指标。也就是说，并没有一套指标能完全适用于分类、回归、聚类等模型，通常在分类中我们关心的常用指标有如下几个。

（1）准确率（Accuracy）是指对于给定的测试数据集，分类器正确分类的样本数与总样本数之比。假设分类正确的样本数量为70，而总分类样本数量为100，那么准确率为70/100=70.00%。

（2）AUC（Area Under Curve）是一个概率值。当随机挑选一个正样本以及一个负样本时，当前的分类算法根据计算得到的Score值将这个正样本排在负样本前面的概率就是AUC值，而作为一个数值，对应的AUC更大的分类器效果更好。

通常在回归分析中我们关心的常用指标有如下几个。

（1）均方误差（Mean Squared Error，MSE）是参数估计值与真实值的差平方的期望值，是反映估计量与真实值之间差异度的一种度量，其计算公式为：

$$\text{MSE}(y, \hat{y}) = \frac{1}{n_{\text{sample}}} \sum_{i=0}^{n_{\text{sample}}-1} (y_i - \hat{y}_i)^2.$$

（2）平均绝对误差（Mean Absolute Deviation，MAD）是参数估计值与真实值的绝对值之和的期望值，反映了实际预测误差的大小，其计算公式为：

$$\text{MAD}(y, \hat{y}) = \frac{1}{n_{\text{sample}}} \sum_{i=0}^{n_{\text{sample}}-1} |y_i - \hat{y}_i|$$

聚类分析的指标将会在聚类中再介绍。

3.3.2 交叉验证

从之前的学习中我们了解到模型会先在训练集上进行训练，通过对模型进行调整使其性能达到最佳状态；即使模型在训练集上表现良好，往往其在测试集上也可能会出现表现不佳的情况。此时，测试集的反馈足以推翻训练模型，并且度量不再能有效地反映模型的泛化性能。为了解决上述问题，我们必须准备另一种称为验证集（Validation Set）的数据集。完成模型后，再验证集中评估模型。如果验证集上的评估实验成功，则在测试集上执行最终评估。但是，我们将原始数据划分为训练集、验证集、测试集之后，可用的数据将会大大地减少。为了解决这个问题，我们提出了交叉验证这样的解决办法。

交叉验证（Cross Validation）是指将数据集 D 划分为 k 个大小相似的互斥子集，即 $D = D_1 \bigcup D_2 \bigcup \cdots \bigcup D_k$，其中 $D_i \bigcap D_j$ 非空且 $i \neq j$。每个子集 Di 都尽可能保持数据分布的一致性，即从 D 中通过分层采样得到。然后，每次用 $k-1$ 个子集的并集作为训练集，余下的那个子集作为测试集；这样就可获得 k 组训练/测试集，从而可进行 k 次训练和测试，最终返回的是这 k 个测试结果的均值。显然，交叉验证法评估结果的稳定性和保真性在很大程度上取决于 k 的取值。为强调这一点，通常把交叉验证法称为"k 折交叉验证"（k-Fold Crossvalidation）。k 最常用的取值是 10，此时称为 10 折交叉验证；其他常用的 k 值有 5、20 等。图 3-3 给出了 10 折交叉验证的示意图。

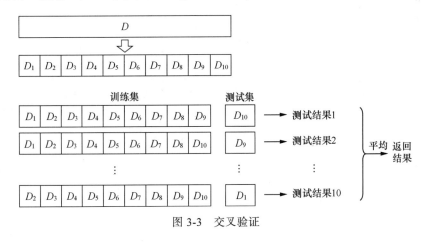

图 3-3　交叉验证

3.3.3　实现分类、回归指标

本节将使用 Scikit-learn 模块中的 metrics 方法实现对分类模型和回归模型的评测。

1. 分类模型的评测指标的调用

```
#使用Scikit-learn模块实现准确率计算
>>> import numpy as np
>>> from sklearn.metrics import accuracy_score
>>> y_pred = [0, 2, 1, 3]
>>> y_true = [0, 1, 2, 3]
>>> accuracy_score(y_true, y_pred)
0.5
>>> accuracy_score(y_true, y_pred, normalize=False)
```

```
2
#使用 Scikit-learn 模块计算 AUC 值
>>> import numpy as np
>>> from sklearn import metrics
>>> y = np.array([1, 1, 2, 2])
>>> pred = np.array([0.1, 0.4, 0.35, 0.8])
>>> fpr, tpr, thresholds = metrics.roc_curve(y, pred, pos_label=2)
>>> metrics.auc(fpr, tpr)
0.75
```

2. 回归模型的评测指标的调用

```
#使用 Scikit-learn 模块实现均方误差计算
>>> from sklearn.metrics import precision_recall_curve
>>> from sklearn.metrics import mean_squared_error
>>> y_true = [3, -0.5, 2, 7]
>>> y_pred = [2.5, 0.0, 2, 8]
>>> mean_squared_error(y_true, y_pred)
0.375
>>> y_true = [[0.5, 1],[-1, 1],[7, -6]]
>>> y_pred = [[0, 2],[-1, 2],[8, -5]]
>>> mean_squared_error(y_true, y_pred)
0.708...
>>> mean_squared_error(y_true, y_pred, multioutput='raw_values')
...
array([ 0.416...,  1.         ])
>>> mean_squared_error(y_true, y_pred, multioutput=[0.3, 0.7])
...
0.824...
#使用 Scikit-learn 模块实现可析方差得分计算
>>> from sklearn.metrics import explained_variance_score
>>> y_true = [3, -0.5, 2, 7]
>>> y_pred = [2.5, 0.0, 2, 8]
>>> explained_variance_score(y_true, y_pred)
0.957...
>>> y_true = [[0.5, 1], [-1, 1], [7, -6]]
>>> y_pred = [[0, 2], [-1, 2], [8, -5]]
>>> explained_variance_score(y_true, y_pred, multioutput='uniform_average'
)
...
0.983...
```

3.3.4 实现 cross_val_score

本节我们将使用 Scikit-learn 模块实现交叉验证，最简单的方法是在模型和数据集上调用 cross_val_score 辅助函数。下面我们通过例子展示如何通过该函数分割数据。

（1）拟合模型和计算连续 5 次的分数（每次不同分割）来估计 linear kernel 支持向量机在 iris 数据集上的精度。

```
>>> from sklearn.model_selection import cross_val_score
>>> clf = svm.SVC(kernel='linear', C=1)
>>> scores = cross_val_score(clf, iris.data, iris.target, cv=5)
>>> scores
array([ 0.96...,  1.  ...,  0.96...,  0.96...,  1.  ])
```

（2）评分估计的平均得分和 95% 置信区间由此给出。

```
>>> print("Accuracy: %0.2f (+/- %0.2f)" % (scores.mean(), scores.std() * 2
))
Accuracy: 0.98 (+/- 0.03)
```

（3）在默认情况下，每次 cross_val_score 迭代计算的指标结果是保存在属性 scores 中的，当然我们也可以通过使用 scoring 参数来选择不同的指标，关于 scoring 参数的详情设置请参考官方文档。

```
>>> from sklearn import metrics
>>> scores = cross_val_score(
...     clf, iris.data, iris.target, cv=5, scoring='f1_macro')
>>> scores
array([ 0.96...,  1.  ...,  0.96...,  0.96...,  1.          ])
```

（4）当 cv 参数是一个整数 k 时，cross_val_score 使用 k-fold 策略，同时我们也可以通过引入一个交叉验证迭代器来使用其他交叉验证策略。示例如下。

```
>>> from sklearn.model_selection import ShuffleSplit
>>> n_samples = iris.data.shape[0]
>>> cv = ShuffleSplit(n_splits=3, test_size=0.3, random_state=0)
>>>cross_val_score(clf,iris.data,iris.target,cv=cv)...array([0.97...,0.97.
.., 1.])
```

3.3.5　实现模型的保存

当模型训练完成后，我们可以将模型永久化保存，这样在下次就可以直接使用模型，避免花费过长时间训练大量数据以及方便模型的转移。下面通过两种方法来了解如何保存一个模型。

（1）使用 Python 的内置持久化模块（即 pickle）将模型保存。

```
>>> import pickle
>>> s = pickle.dumps(knn)
>>> knn2 = pickle.loads(s)
>>> knn2.predict(knn2.predict(X[0:1]))
```

（2）使用 joblib 替换 pickle（joblib.dump&joblib.load）可能会对大数据更有效。

```
#joblib 模块
>>> from sklearn.externals import joblib
#保存 Model（注：save 文件夹要预先建立，否则会报错）
>>> joblib.dump(knn, 'filename.pkl')
#之后，您可以加载已保存的模型（可能在另一个 Python 进程中）
>>> knn = joblib.load('filename.pkl')
#测试读取后的 Model
print(clf3.predict(X[0:1]))
```

3.4 支持向量机

3.4.1 支持向量机概述

通过前面的讲解，我们已经对机器学习的基本框架有所了解，那么如何使用机器学习来解决一些问题呢？我们通过一个典型的机器学习案例——支持向量机（Support Vector Machine，SVM）来了解使用机器学习是如何工作的。如图 3-4 所示，对于一个二分类问题，或许存在众多分割平面可以将数据完全划分为不同的类别，但是否每一个分割平面都有价值？或者在众多分割平面中，我们应该选择哪一个分割平面？是否存在"最优"分割超平面？如果存在，又将如何定义两个集合的"最优"分割超平面？

直观上看，应该去找位于两类训练样本"正中间"的分割超平面，即图 3-4 中加粗的那个，因为该分割超平面对训练样本局部扰动的"容忍"性最好。例如，由于训练集的局限性或噪声等因素，训练集外的样本可能比图 3-4 中的训练样本更接近两个类的分隔处，这将使许多分割超平面出现错误，而加粗的超平面受影响最小。换言之，这个分割超平面所产生的分类结果是最健全的，对未知示例的泛化能力最强。

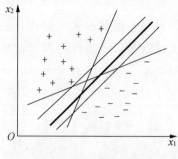

图 3-4 多分割平面问题

　　支持向量机是建立在统计学习理论的 VC 维理论和结构风险最小原理基础上的，是根据有限的样本信息在模型的复杂性（即对特定训练样本的学习精度）和学习能力（即无错误地识别任意样本的能力）之间寻求最佳折中，以获得最好的推广能力。换而言之，图 3-5 中加粗的分割平面即我们寻找出的 SVM 分割超平面。那么如何确定超平面呢？

　　超平面可以通过方程 $\omega^{\mathrm{T}}X+b=0$ 描述。其中，ω 为法向量，决定了方向；b 为位移。而我们的目标是寻找 $\min(\omega b)\dfrac{1}{2}\|\omega\|^{2}$ 的超平面。

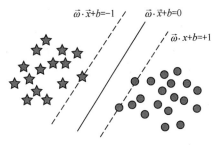

图 3-5　支持向量机示例图

支持向量机可用于监督学习算法分类、回归和异常检测。支持向量机有以下特点。

（1）支持向量机的优势

① 在高维空间中非常高效。

② 即使在数据维度比样本数量大的情况下仍然有效。

③ 在决策函数（称为支持向量）中使用训练集的子集，因此它也是高效利用内存的。

（2）支持向量机的缺点

① 如果特征数量比样本数量大得多，在选择核函数时要避免过拟合。

② 支持向量机通过寻找支持向量找到最优分割平面，是典型的二分类问题，因此无法解决多分类问题。

③ 不直接提供概率估计。

3.4.2　实现支持向量机分类

　　本节我们使用支持向量机实现分类过程，利用 Scikit-learn 模块中的 svm.SVC 方法可以实现。

　　（1）SVC 方法将两个数组作为输入：[n_samples,n_features]大小的数组 X 作为训练样本，[n_samples]大小的数组 y 作为类别标签（字符串或者整数）。

```
>>> from sklearn import svm
>>> X = [[0, 0], [1, 1]]
```

```
>>> y = [0, 1]
>>> clf = svm.SVC()
>>> clf.fit(X, y)
SVC(C=1.0, cache_size=200, class_weight=None, coef0=0.0,    decision_function_
shape='ovr', degree=3, gamma='auto', kernel='rbf',    max_iter=-1, probability=
False, random_state=None, shrinking=True,    tol=0.001, verbose=False)
```

（2）在训练完成后，使用模型预测新的值。

```
>>> clf.predict([[2., 2.]])
array([1])
```

（3）支持向量机的决策函数取决于训练集的一些子集，称作支持向量。这些支持向量的部分特性可以在属性 support_vectors_、support_ 和 n_support 中找到。

```
>>> # 获得支持向量
>>> clf.support_vectors_array([[ 0.,   0.], [ 1.,   1.]])
>>> # 获得支持向量的索引
>>> clf.support_ array([0, 1]...)
>>> # 为每一个类别获得支持向量的数量
>>> clf.n_support_ array([1, 1]...)
```

3.4.3　实现支持向量机回归

支持向量机实现回归的实现形式为 SVR 等。

分类与回归是十分相似的。这里我们调用回归中的 fit 方法实现对输入参数 X、y 的训练，只是现在的 y 是连续型数据而不是离散型数据。

```
>>> from sklearn import svm
>>> X = [[0, 0], [2, 2]]
>>> y = [0.5, 2.5]
>>> clf = svm.SVR()
>>> clf.fit(X, y) SVR(C=1.0, cache_size=200, coef0=0.0, degree=3, epsilon=0.1,
gamma='   auto', kernel='rbf', max_iter=-1, shrinking=True, tol=0.001, verbose=
False)
>>> clf.predict([[1, 1]])array([ 1.5])
```

3.4.4　实现支持向量机异常检测

支持向量机同样可以用于异常值的检测，即给定一个样例集，生成这个样例集的支持边界。因而，当我们拿到一个新的数据点时，可以通过支持边界来检测它是否属于这个样例集。异常检测属于非监督学习，没有类标签，因此 fit 方法只会考虑输入数组 X。

使用 one-class SVM 方法实现异常检测，图 3-6 显示了异常值的检测。

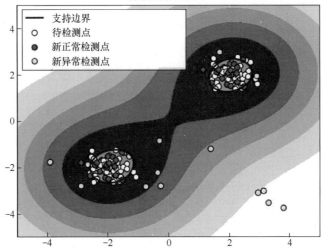

训练出错样本：19/200；训练出错正常检测：5/40；训练出错异常检测点：1/40

图 3-6 异常检测示例

```
>>> print(__doc__)
>>> import numpy as np
>>> import matplotlib.pyplot as plt
>>> import matplotlib.font_manager
>>> from sklearn import svm
>>> xx, yy = np.meshgrid(np.linspace(-5, 5, 500), np.linspace(-5, 5, 500))
# 生成训练数据
>>> X = 0.3 * np.random.randn(100, 2)
>>> X_train = np.r_[X + 2, X - 2]
# 生成规律的正常观测点
>>> X = 0.3 * np.random.randn(20, 2)
>>> X_test = np.r_[X + 2, X - 2]
# 生成规律的异常观测点
>>> X_outliers = np.random.uniform(low=-4, high=4, size=(20, 2))
# 训练模型
>>> clf = svm.OneClassSVM(nu=0.1, kernel="rbf", gamma=0.1)
>>> clf.fit(X_train)
>>> y_pred_train = clf.predict(X_train)
>>> y_pred_test = clf.predict(X_test)
>>> y_pred_outliers = clf.predict(X_outliers)
>>> n_error_train = y_pred_train[y_pred_train == -1].size
>>> n_error_test = y_pred_test[y_pred_test == -1].size
>>> n_error_outliers = y_pred_outliers[y_pred_outliers == 1].size
```

```
# 将直线、点和最近的向量绘制到平面上
>>> Z = clf.decision_function(np.c_[xx.ravel(), yy.ravel()])
>>> Z = Z.reshape(xx.shape)
>>> plt.title("Novelty Detection")
>>> plt.contourf(xx, yy, Z, levels=np.linspace(Z.min(), 0, 7), cmap=plt.cm.PuBu)
>>> a = plt.contour(xx, yy, Z, levels=[0], linewidths=2, colors='darkred')
>>> plt.contourf(xx, yy, Z, levels=[0, Z.max()], colors='palevioletred')
>>> s = 40
>>> b1 = plt.scatter(X_train[:, 0], X_train[:, 1], c='white', s=s, edgecolors='k')
>>> b2 = plt.scatter(X_test[:, 0], X_test[:, 1], c='blueviolet', s=s,
                     edgecolors='k')
>>> c = plt.scatter(X_outliers[:, 0], X_outliers[:, 1], c='gold', s=s,
                    edgecolors='k')
>>> plt.axis('tight')
>>> plt.xlim((-5, 5))
>>> plt.ylim((-5, 5))
>>> plt.legend([a.collections[0], b1, b2, c],
               ["learned frontier", "training observations",
                "new regular observations", "new abnormal observations"],
               loc="upper left",
               prop=matplotlib.font_manager.FontProperties(size=11))
>>> plt.xlabel(
    "error train: %d/200 ; errors novel regular: %d/40 ; "
    "errors novel abnormal: %d/40"
    % (n_error_train, n_error_test, n_error_outliers))
>>> plt.show()
```

本案例使用了 RBF 核函数。RBF 核函数在此处使支持向量机通过某种非线性变换 $\varphi(x)$，将输入空间映射到高维特征空间。这个特征空间的维数可能非常高。如果支持向量机的求解只用到内积运算，而在低维输入空间又存在某个函数 $K(x, x')$，它恰好等于高维空间中的这个内积，即 $K(x, x') = <\varphi(x) \cdot \varphi(x')>$。那么支持向量机就不用计算复杂的非线性变换，而由这个函数 $K(x, x')$ 直接得到非线性变换的内积，大大简化了计算。$K(x, x')$ 这样的函数称为核函数。

3.5　过拟合问题

3.5.1　过拟合

在实际运作中，我们希望得到的是在新样本上能表现很好的学习器。为了达到这个目的，应该从训练样本中尽可能学出适用于所有潜在样本的"普遍规律"，这样才能在遇到新样本时做出正确的判别。然而，当学习器把训练样本学得"太好"的时候，可能已经把训练样本自身的一些特点当作所有潜在样本都会具有的一般性质，这样就会导致泛化性能下降。这种现象在机器学习中称为"过拟合"（Overfitting）。与"过拟合"相对的是"欠拟合"（Underfitting），是指对训练样本的一般性质尚未学好，具体表现就是最终模型在训练集上效果好、在测试集上效果差，模型泛化能力弱。图 3-7 给出了关于过拟合与欠拟合的一个直观理解的类比。

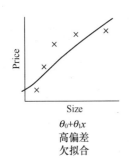

$\theta_0 + \theta_1 x$

高偏差
欠拟合

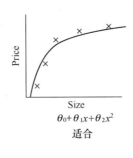

$\theta_0 + \theta_1 x + \theta_2 x^2$

适合

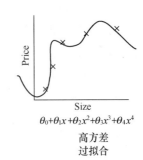

$\theta_0 + \theta_1 x + \theta_2 x^2 + \theta_3 x^3 + \theta_4 x^4$

高方差
过拟合

图 3-7　过拟合与欠拟合

过拟合问题产生的原因如下。

（1）使用的模型比较复杂，学习能力过强。

（2）有噪声存在。

（3）数据量有限。

解决过拟合的办法有以下 3 种。

（1）提前终止（当验证集上的效果变差的时候）。

（2）数据集扩增（Data Augmentation）。

（3）寻找最优参数。

1. 提前终止

提前终止是一种将迭代次数截断来防止过拟合的方法，即在模型对训练数据集迭代收敛之前停止迭代来防止过拟合。

提前终止方法的具体做法：在每一个 Epoch 结束时（一个 Epoch 为对所有的训练数据的一轮遍历）计算验证数据的精度，当精度不再提高时，就停止训练。这种做法很符合直观感受，因为精度都不再提高了，再继续训练也是无益的，只会增加训练的时间。那么该做法的一个重点便是怎样确定精度不再提高了呢？并不是精度一降下来便认为不再提高了，因为可能经过这个 Epoch 后，精度降低了，但是随后的 Epoch 精度又上去了，所以不能根据一两次的连续降低就判断精度不再提高。一般的做法是，在训练过程中，记录到目前为止最好的精度，当连续 10 次 Epoch（或者更多次）没达到最佳精度时，则可以认为精度不再提高了。此时便可以停止迭代。

2. 数据集扩增

在数据挖掘领域流行这样一句话，"有时候拥有更多的数据胜过拥有一个好的模型"。因为我们是使用训练数据训练模型，再通过这个模型对将来的数据进行拟合。而在这之间又有一个假设，训练数据与将来的数据是独立同分布的。即使用当前的训练数据对将来的数据进行估计与模拟，而拥有更多的数据往往使估计与模拟更准确。因此，更多的数据有时候结果更优秀。但往往条件有限，如人力、物力、财力的不足，导致不能收集到更多的数据，如在进行分类的任务中，需要对数据进行打标，并且很多情况下都是由人工进行打标，因此一旦需要打标的数据量过多，就会导致效率低下甚至可能出错。所以，往往需要采取一些计算的方式与策略在已有的数据集上进行处理，以得到更多的数据。

3. 寻找最优参数

寻找最优参数方法是选择合适的学习算法和超参数，以使得偏差和方差都尽可能的低。通俗地理解，可以认为一个模型最优的参数意味着模型的复杂度更低。

3.5.2 实现学习曲线和验证曲线

3.5.1 节中我们通过提前终止方法与寻找最优参数方法来解决过拟合问题，使用这些方法会用到学习曲线以及验证曲线。学习曲线显示了对于不同数量的训练样本的估计器的验证和训练评分，可以帮助我们了解从增加更多的训练数据中能获益多少，以及估计是否受到更多来自方差误差或偏差误差的影响，展示出模型性能的变化，有助于了解数据对模型性能的影响。

（1）通过学习曲线变化寻找出最优参数解决过拟合问题。

```
>>> from sklearn.learning_curve import learning_curve
>>> from sklearn.datasets import load_digits
>>> from sklearn.svm import SVC
#可视化模块
>>> import matplotlib.pyplot as plt
>>> import numpy as np
>>> digits = load_digits()
>>> X = digits.data
>>> y = digits.target
>>> train_sizes, train_loss, test_loss = learning_curve(
        SVC(gamma=0.001), X, y, cv=10, scoring='mean_squared_error',
        train_sizes=[0.1, 0.25, 0.5, 0.75, 1])
#平均每一轮得到的平均方差（共5轮，分别为样本10%、25%、50%、75%、100%）
>>> train_loss_mean = -np.mean(train_loss, axis=1)
>>> test_loss_mean = -np.mean(test_loss, axis=1)
>>> plt.plot(train_sizes, train_loss_mean, 's-', color="r",
        label="Training")
>>> plt.plot(train_sizes, test_loss_mean, 'o-', color="g",
        label="Cross-validation")
>>> plt.xlabel("Training examples")
```

```
>>> plt.ylabel("Loss")
>>> plt.legend(loc="best")
>>> plt.show()
```

图 3-8 所示为训练样本大小与精度损失关系的学习曲线。从图中可以发现训练曲线的精度损失不会随着样本数据而减少其损失，但是验证曲线却会随着样本数据减少其损失。因此，为了模型精度损失最大化，我们可以在验证曲线斜率极值点停止训练。

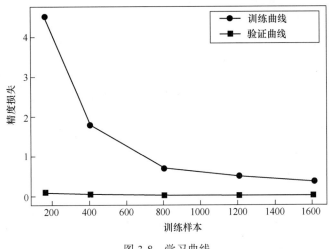

图 3-8　学习曲线

（2）通过验证曲线的变化寻找出最优参数解决过拟合问题。

```
>>> from sklearn.learning_curve import validation_curve #validation_curve模块
>>> from sklearn.datasets import load_digits
>>> from sklearn.svm import SVC
>>> import matplotlib.pyplot as plt
>>> import numpy as np
#digits 数据集
>>> digits = load_digits()
>>> X = digits.data
>>> y = digits.target
#建立参数测试集
>>> param_range = np.logspace(-6, -2.3, 5)
#使用 validation_curve 快速找出参数对模型的影响
>>> train_loss, test_loss = validation_curve(
    SVC(), X, y, param_name='gamma', param_range=param_range, cv=10, scoring=
'mean_squared_error')
#平均每一轮的平均方差
>>> train_loss_mean = -np.mean(train_loss, axis=1)
>>> test_loss_mean = -np.mean(test_loss, axis=1)
#可视化图形
>>> plt.plot(param_range, train_loss_mean, 's-', color="r",
```

```
                  label="Training")
>>> plt.plot(param_range, test_loss_mean, 'o-', color="g",
               label="Cross-validation")
>>> plt.xlabel("gamma")
>>> plt.ylabel("Loss")
>>> plt.legend(loc="best")
>>> plt.show()
```

图 3-9 所示为模型参数变化与精度损失关系的验证曲线，从图中可以发现训练曲线与验证曲线精度损失都随着模型参数增大而损失，为了模型精度损失最大化，我们可以在训练曲线与验证曲线拐点找到最优参数。

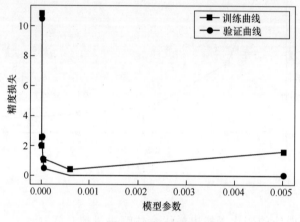

图 3-9　验证曲线

第4章
分类算法与应用

本章首先介绍数据挖掘中分类的基本概念，然后对概率模型、朴素贝叶斯分类、空间向量模型、KNN算法等进行简单介绍，最后讨论了多类问题。

本章介绍的朴素贝叶斯分类和 KNN 算法 2006 年 12 月被国际权威学术组织国际数据挖掘大会（The IEEE International Conference on Data Mining，ICDM）评选为数据挖掘领域的十大经典算法[①]。

本章重点内容如下。

（1）数据挖掘分类问题。

（2）概率模型。

（3）朴素贝叶斯分类。

（4）空间向量模型。

（5）KNN 算法。

（6）多类问题。

4.1 数据挖掘分类问题

分类分析的主要目的是根据已知类别的训练集数据，建立分类模型，并利用该分类模型预测未知类别数据对象所属的类别。分类分析是一种重要的数据挖掘技术，在行为分析、物品识别、图像检测等很多领域有着广泛的应用。例如，在第 3 章介绍的鸢尾花数据集的分类、电子邮件（垃圾邮件和非垃圾邮件等）的分类、新闻稿件的分类、手写数字识别、个性化营销中的客户群分类、图像/视频的场景分类等。

分类问题是最为常见的监督学习问题，遵循监督学习问题的基本架构和流程。一般

---

① 2006 年评选出的数据挖掘领域的十大经典算法：C4.5、K-Means、SVM、Apriori、EM、PageRank、AdaBoost、KNN、Naive Bayes 和 CART。

分类问题的基本流程可以分为训练和预测两个阶段。

（1）训练阶段。首先，需要准备训练数据，可以是文本、图像、音频、视频等一种或多种；然后，抽取需要的特征，形成特征数据（也称样本属性，一般用向量形式表示）；最后，将这些特征数据连同对应的类别标记一起送入分类学习算法中，训练得到一个预测模型。

（2）预测阶段。首先，将与训练阶段相同的特征抽取方法作用于测试数据，得到对应的特征数据；然后，使用预测模型对测试数据的特征数据进行预测；最后，得到测试数据的类别标记。

最常见的情况是，一个样本所属的类别互不相交，即每个输入样本被分到唯一的一个类别中。最基础的分类问题是二类分类（或二分类）问题，即从两个类别中选择一个作为预测结果，这种情况一般对应"是/否"或"非此即彼"的情况。例如，判断一幅图片中是否存在"猫"。超过两个类别的分类问题一般称为多类分类问题（或多分类问题、多类问题）。

此外，一个样本所属类别存在相交的情况对应的是多标签分类问题，即判断一个样本是否同时属于多个不同类别。例如，一篇文章既可以是"长文/短文"中的"短文"，同时也可以是"散文/小说/诗歌"中的"散文"等。

本章将介绍概率模型、朴素贝叶斯分类、空间向量模型等，并根据第 3 章介绍的机器学习的基本框架和步骤创建分类模型，举例说明如何实现二分类和多分类问题。本章将会用到许多 Python 程序模块，如 NumPy、SciPy、Scikit-learn、Matplotlib 等。首先，请确保计算机已经安装了所需的程序包，并回顾构建一个机器学习框架的基本步骤：①数据的加载；②选择模型；③模型的训练；④模型的预测；⑤模型的评测；⑥模型的保存。

4.2 概率模型

4.2.1 原理

概率论是研究随机现象数量规律的数学分支，它提供了一个量化和计算不确定性的数学框架。决策论（Decision Theory）是根据信息和评价准则，用数量方法寻找或选取最优决策方案的科学，是运筹学的一个分支和决策分析的理论基础。结合决策论和概率论，我们能够做出不确定性情况下的最优决策。

下面先来回顾概率论中的几个重要公式。假设 A,B 表示样本空间 Ω 上的随机事件，$\{A_1,\cdots,A_n\}$ 表示 A 的一个划分，即 $A_i \bigcap A_j = \varnothing, \bigcup_{i=1}^n A_i = A, (i,j=1,2,\cdots,n)$。$P(A)$ 表示随机事

件 A 发生的概率，$P(AB)$ 表示随机事件 A 和随机事件 B 同时成立的联合概率，$P(B|A)$ 表示随机事件 A 发生的情况下随机事件 B 发生的条件概率，则有如下公式。

（1）条件概率公式：$P(B|A) = \dfrac{P(AB)}{P(A)}$。

（2）全概率公式：$P(B) = \sum_{i=1}^{n} P(B|A_i)P(A_i)$。

（3）贝叶斯公式：$P(A_i|B) = \dfrac{P(B|A_i)P(A_i)}{P(B)}$。

在贝叶斯公式中，$P(A_i|B)$ 称为后验概率；$P(A_i)$ 称为先验概率[①]；$P(B|A_i)$ 称为似然项；$P(B)$ 为随机事件 B 的先验概率或边缘概率，也称为标准化常量。

贝叶斯决策论是概率论框架下实施决策的基本方法。对分类任务来说，贝叶斯决策论考虑如何基于已知的相关概率和误判损失来选择最优的类别标记。

分类任务的目标是将特征数据对应的向量 $x \in R^m$ 分到 $K(K \geq 2)$ 个离散的类别 $C_k(k=1,2,\cdots,K)$ 中的某一类。假设特征数据空间记作 x，类别空间记作 $y = \{C_1, C_2, \cdots, C_K\}$，$\lambda_{ij}$ 表示将一个真实类别为 C_j 的样本误分为 C_i 所产生的损失（或付出的代价），基于后验概率 $p(C_j|x)$ 可以估计 x 对应的样本被分到类别 C_i 产生的期望损失：

$$R(C_i|x) = \sum_{j=1}^{K} \lambda_{ij} p(C_j|x).$$

分类任务的目标是寻找一个分类准则 $f: x \to y$，使总体损失 $R(f) = E_x[R(f(x)|x)]$ 最小。显然，如果 f 能使每个样本被错分的损失最小，则总体损失也最小。由此，产生了贝叶斯判定准则：为最小化总体损失，只需为每个样本选择损失最小的类别标记，即：

$$h^*(x) = \arg\min_{c \in y} R(c|x)$$

其中，h^* 称为最优贝叶斯分类器。当 $\lambda_{ij} = \begin{cases} 0, & i = j \\ 1, & i \neq j \end{cases}$ 时，对应的目标是最小化分类错误率，此时，$R(C_i|x) = p(\overline{C_i}|x) = 1 - p(C_i|x)$（$\overline{C_i}$ 表示 C_i 的对立事件），由此得到对应的最优贝叶斯分类器为 $h^*(x) = \arg\max_{c \in y} P(c|x)$，即对每个样本，它属于哪个类别的概率最大就认为它属于哪个类别。

有两种不同的方法可以确定条件概率分布 $p(C_k|x)$。第一种方法是对每个类别的条件概率分布建模，也就是把每个类别的条件概率分布表示为参数模型，然后使用训练集依次优化对应类别的参数。第二种方法是对类条件概率密度以及类的先验概率分布建模。这两种方法都可通过贝叶斯公式建立联系。

---

① 通俗地讲，先验概率是指事情尚未发生前，我们对该事件发生概率的估计，如抛一枚硬币正面向上的概率为 0.5；后验概率则表示在事情已经发生的条件下，该事件发生原因是由某个因素引起的可能性的大小。

由贝叶斯公式可以得到：

$$p(C_k \mid x) = \frac{P(x \mid C_k)P(C_k)}{P(x)}.$$

上式中，对于特定样本数据，x 为确定的值，因此 $P(x)$ 也是确定的值，与类别无关，从而有：

$$p(C_k \mid x) \propto P(x \mid C_k)P(C_k).$$

即后验概率 $p(C_k \mid x)$ 与条件概率 $P(x \mid C_k)$（也称为给定 C_k 时 x 的似然）和先验概率 $P(C_k)$ 成正比。上式建立了后验概率与先验概率、似然的联系。其中，先验概率 $P(C_k)$ 与类别有关，表达了样本空间中各类样本所占的比例。根据大数定律，当训练集包含充足的独立同分布样本时，该值可通过各类样本出现的频率进行估计；条件概率 $P(x \mid C_k)$ 涉及关于 x 所有属性的联合概率，如果直接根据样本出现的频率进行估计，可能会因为样本数据集中在数据空间的一小部分而导致估计偏差较大，特别是在样本空间维度远远大于样本数据可能取值时会导致错误，因此是不可行的。

估计类条件概率的一种常用策略是先假定其具有某种确定的概率分布形式，再基于训练样本对概率分布的参数进行估计。一般每个类别 C_k 对应一组参数，例如，正态分布中的均值和方差、协方差等。假定样本数据为 x，类别 C_k 对应的概率模型参数为 θ_k，则基于概率模型的分类任务就是利用类别为 C_k 的训练集估计参数 θ_k。因此，概率模型的训练阶段就是选择参数的估计值，使观测到的样本出现的概率最大。

由费希尔（R. A. Fisher）引入的最大似然估计（Maximum Likelihood Estimation, MLE）是一种经典的参数估计方法，也叫极大似然估计，通常用于模型给定、参数未知的情况。假设 T_k 表示训练集 T 中类别为 k 的样本组成的集合，并假设这些样本是独立同分布的，则给定参数 θ_k 时数据集 T_k 的似然为 $P(T_k \mid \theta_k) = \prod\limits_{x \in T_k} P(x \mid \theta_k)$，由于该式中的连乘操作在使用计算机进行计算时容易造成数据下溢，故通常使用对数似然，形式如下：

$$LL(\theta_k) = \log P(T_k \mid \theta_k) = \sum_{x \in T_k} \log P(x \mid \theta_k).$$

上式对应的参数 θ_k 的最大似然估计 $\hat{\theta}_k$ 为

$$\hat{\theta}_k = \arg\max_{\theta_k} LL(\theta_k).$$

最大似然估计使类条件概率的估计变得相对简单，并已被证明当样本数目趋于无穷大时，在收敛意义上是最好的渐进估计，估计的值会收敛到参数的真实值。因此，最大似然估计经常用作机器学习中的首选参数估计方法。

需要指出的是，当所假设的概率分布形式不符合真实数据分布时，最大似然估计的准确性将大大降低。此时，需要利用应用任务本身的先验知识或正则化策略等对最大似然估计的结果进行修正。

另一种常用的参数估计方法是最大后验（Maximum A Posteriori，MAP）估计，即最大化后验概率 $p(C_k|x)$，由贝叶斯公式可知，该方法考虑了每个类别数据的先验信息。

4.2.2 应用场景

概率模型通过比较提供的数据属于每个类型的条件概率并将它们分别计算出来，然后预测具有最大条件概率的那个类别是最后的类别。样本越多，统计的不同类型的特征值分布就越准确，使用此分布进行预测也会更加准确。

贝叶斯分类方法是一种具有最小错误率的概率分类方法，可用于分类和预测。该方法并不是把一个对象绝对地指派给某一类，而是通过计算其属于某一类的概率，具有最大概率的类便是该对象所属的类。一般情况下，贝叶斯分类中的所有属性都潜在地起作用，即并不是一个或几个属性决定分类，而是所有的属性都参与分类。贝叶斯定理给出了最小化误差的最优解决方法。理论上，贝叶斯分类器看起来很完美，但在实际应用中，因为需要知道特征的确切分布概率，所以其并不能被直接应用。因此在很多分类方法中都会做出某种逼近贝叶斯定理要求的假设，例如下一节介绍的朴素贝叶斯分类。

4.3 朴素贝叶斯分类

4.3.1 原理与应用场景

在众多的分类模型中，应用最广泛的两种模型是决策树模型（Decision Tree Model）和朴素贝叶斯模型（Naive Bayesian Model，NBC）。其中，朴素贝叶斯模型是一个非常简单，但是实用性很强的分类模型。这个模型的基础是贝叶斯决策论，并假设各个维度上的特征被分类的条件概率是相互独立的。它的思想很简单：对于给出的待分类项，求解在此项出现的条件下各个类别出现的概率，哪个最大，就认为此分类项属于哪个类别。具体做法是：①基于特征条件独立的假设来学习输入/输出的联合概率分布；②基于学习的模型，对给定的输入，利用贝叶斯定理求出后验概率最大的输出。

给定类别 c 和特征数据 $(x_1,\cdots,x_n)$，由贝叶斯定理得

$$p(c\,|\,x_1,\cdots,x_n) = \frac{p(c)p(x_1,\cdots,x_n\,|\,c)}{p(x_1,\cdots,x_n)}.$$

再由特征条件独立的假设，即 $p(x_i\,|\,c,x_1,\cdots x_{i-1},x_i,\cdots,x_n) = p(x_i\,|\,c)$，可以将上式简化为：

$$p(c \mid x_1, \cdots, x_n) = \frac{p(c)\prod_{i=1}^{n} p(x_i \mid c)}{p(x_1, \cdots, x_n)} \propto p(c)\prod_{i=1}^{n} p(x_i \mid c).$$

因此，类别可由 $\hat{c} = \arg\max\limits_{c} p(c)\prod_{i=1}^{n} p(x_i \mid c)$ 估计得出。要学习的参数就是两种概率，通常采用最大似然估计方法。其中，$p(c) = (c_i = c)/N$，对应训练集中类别 c 出现的频率；对于条件概率 $p(x_i \mid c)$，根据不同的假设具有不同的形式，常用的形式有以下几种。

① 高斯朴素贝叶斯：$p(x_i \mid c) = \dfrac{1}{\sqrt{2\pi\sigma_c^2}} \exp\left(-\dfrac{(x_i - \mu_c)^2}{2\sigma_c^2}\right)$（参数 μ_c, σ_c 可由最大似然方法估计）。

② 多项式朴素贝叶斯：$p(x_i \mid c) = \dfrac{N_{ci} + \lambda}{N_c + \lambda n}$（$N_c$ 表示属于类别 c 的样本的数量，N_{ci} 表示属于类别 c 且特征等于 x_i 的样本的数量，λ 是正则化参数）。

③ 伯努利朴素贝叶斯：$p(x_i \mid c) = p(i \mid c)x_i + (1 - p(i \mid c))(1 - x_i)$。

需要指出的是，某些属性值可能从未在训练集中出现，直接用频率近似概率会出现问题。为避免这种情况，在估计概率值时通常要进行平滑，常用拉普拉斯修正的方式。

朴素贝叶斯模型发源于古典数学理论，它有坚实的数学基础和稳定的分类效率。同时，朴素贝叶斯模型所需估计的参数很少，对缺失数据不太敏感，算法也比较简单。理论上，朴素贝叶斯模型与其他分类方法相比具有最小的误差率。但实际上并非总是如此，这是因为朴素贝叶斯模型假设属性之间相互独立，而这个假设在实际应用中往往是不成立的，这对朴素贝叶斯模型的正确分类有一定影响。在属性个数比较多或者属性之间相关性较大时，朴素贝叶斯模型的分类效率比不上决策树模型；而在属性之间相关性较小时，朴素贝叶斯模型的性能最好。

4.3.2 实现朴素贝叶斯算法

下面通过 Sklearn 工具包自带的例子来介绍朴素贝叶斯算法。

以下示例代码演示了如何为鸢尾花数据训练高斯朴素贝叶斯分类。

```
#demo_NBC.py
>>>from sklearn import datasets
>>>iris = datasets.load_iris()
>>>from sklearn import naive_bayes
#高斯朴素贝叶斯分类
>>>gnb = naive_bayes.GaussianNB()
>>>y_pred = gnb.fit(iris.data, iris.target).predict(iris.data)
>>>print("Number of mislabeled points out of a total %d points : %d"  %
        (iris.data.shape[0],(iris.target != y_pred).sum()))
```

```
#多项式朴素贝叶斯分类
>>>gml = naive_bayes.MultinomialNB()
>>>y_pred = gml.fit(iris.data, iris.target).predict(iris.data)
>>>print("Number of mislabeled points out of a total %d points : %d" %
         (iris.data.shape[0],(iris.target != y_pred).sum()))
#伯努利朴素贝叶斯分类
>>>gbn = naive_bayes.BernoulliNB()
>>>y_pred = gbn.fit(iris.data, iris.target).predict(iris.data)
>>>print("Number of mislabeled points out of a total %d points : %d" %
         (iris.data.shape[0],(iris.target != y_pred).sum()))
```

以上代码的输出结果为：

```
Number of mislabeled points out of a total 150 points : 6
Number of mislabeled points out of a total 150 points : 7
Number of mislabeled points out of a total 150 points : 100
```

可以看出，使用高斯朴素贝叶斯和多项式朴素贝叶斯方法查出的错误数只有 6～7 个，而使用伯努利朴素贝叶斯方法查出的错误数多达 100 个。这是因为高斯分布和多项式分布可以较好地近似鸢尾花数据，而伯努利分布（二项分布）不适用于鸢尾花数据。因此要根据实际数据来决定选用哪个模型。

4.4　向量空间模型

4.4.1　原理与应用场景

机器学习方法让计算机自己去学习已经分类好的训练集，然而计算机很难按人类理解文章那样来学习文章，因此，要使计算机能够高效地处理真实文本，就必须找到一种理想的形式化表示方法，这个过程就是文档建模。其中，文档泛指各种机器可读的记录。文档建模一方面要能够真实地反映文档的内容，另一方面又要对不同文档具有一定的区分能力。文档建模通用的方法包括布尔模型、向量空间模型（Vector Space Model，VSM）和概率模型。其中使用最广泛的是向量空间模型。

经典的向量空间模型由索尔顿（Salton）等人于 20 世纪 60 年代提出，并成功地应用于著名的 SMART 文本检索系统。向量空间模型将文档描述为以一系列关键词（Term）的权重为分量的 N 维向量。这样，每一篇文档的量化结果都有相同的长度，而这里的长度由语料库的词汇总量决定。从而把对文档内容的处理简化为向量空间中的向量运算，并且以空间上的相似度来表达语义的相似度，直观易懂。用 D 表示文档，t 表示关键词（即出现在文档 D 中且能够代表该文档内容的基本语言单位，主要由词或者短语构成），则文档可以用关键词集表示为 $D(T_1,T_2,\cdots,T_n)$，其中，T_k 是特征项，要求满足 $1 \leqslant k \leqslant n$。例如，一篇文档中有 a、b、c、d 四个特征项，那么这篇文档就可以表示为 $D(a,b,c,d)$。

对于其他要与之比较的文档，也将遵从这个特征项顺序。对含有 n 个特征项的文档而言，通常会给每个特征项赋予一定的权重来表示其重要程度，即 $D = D(T_1,W_1;T_2,W_2;\cdots;T_n,W_n)$，简记为 $D = D(W_1,W_2,\cdots,W_n)$，称作文档 D 的权值向量表示，其中 W_k 是 T_k 的权重，$1 \leqslant k \leqslant N$。如果 a、b、c、d 的权重分别为 10、20、30、10，那么该文档的向量可以表示为 $D(10,20,30,10)$。

在向量空间模型中，两个文本 D_1 和 D_2 之间的内容相关度 $\mathrm{Sim}(D_1,D_2)$ 常用向量之间夹角的余弦值表示，公式为：

$$\mathrm{Sim}(D_1,D_2) = \cos\theta = \frac{\sum_{k-1}^{n} W_{1k} \times W_{2k}}{\sqrt{(\sum_{k-1}^{n} W_{1k}^2)(\sum_{k-1}^{n} W_{2k}^2)}}.$$

其中，W_{1k}、W_{2k} 分别表示文本 D_1 和 D_2 第 k（$1 \leqslant k \leqslant N$）个特征项的权值。

在自动归类中，我们可以利用类似的方法来计算待归类文档和某类目的相关度。

假设文本 D_1 的特征项为 a、b、c、d，权值分别为 10、20、30、10，类目 C_1 的特征项为 a、c、d、e，权值分别为 10、30、20、10，则 D_1 的向量表示为 $D_1(10,20,30,10,0)$，C_1 的向量表示为 $C_1(10,0,30,20,10)$，则根据上式计算出来的文本 D_1 与类目 C_1 的相关度是 0.80。

4.4.2　实现空间向量模型

Gensim 是一个免费的 Python 工具包，致力于处理原始的、非结构化的数字文档（普通文档），它用来从文档中自动提取语义主题。Gensim 中用到的算法，如潜在语义分析（Latent Semantic Analysis，LSA）、潜在狄利克雷分配（Latent Dirichlet Allocation，LDA）或随机预测（Random Projections）等，都是通过检查单词在训练语料库的同一文档中的统计共现模式来发现文档的语义结构的。这些算法都是无监督算法，只需一个普通文档的语料库即可。一旦这些统计模式被发现，所有的普通文档就可以用一个新的语义代号表示，并用其查询某一文档与其他文档的相似性。

Gensim 安装代码如下：

```
sudo apt-get install python-numpy python-scipy
pip install gensim
```

Gensim 将围绕语料库（Corpus）、向量（Vector）、模型（Model）三个概念展开。让我们从用字符串表示的文档开始。

```
>>> from gensim import corpora
>>> documents = ["Human machine interface for lab abc computer applications",
>>>     "A survey of user opinion of computer system response time",
>>>     "The EPS user interface management system",
>>>     "System and human system engineering testing of EPS",
>>>     "Relation of user perceived response time to error measurement",
>>>     "The generation of random binary unordered trees",
>>>     "The intersection graph of paths in trees",
>>>     "Graph minors IV Widths of trees and well quasi ordering",
>>>     "Graph minors A survey"]
```

这是一个由 9 篇文档组成的微型语料库, 每篇文档仅由一个句子组成。

我们需要对这些文档进行标记化处理, 删除常用词 (利用停用词表), 以及整个语料库中仅仅出现一次的单词。

```
>>> # 删除停用词并分词
>>> stoplist = set('for a of the and to in'.split())
>>> texts = [[word for word in document.lower().split() if word not in stoplist]
>>>     for document in documents]
>>> # 去除仅出现一次的单词
>>> from collections import defaultdict
>>> frequency = defaultdict(int)
>>> for text in texts:
>>>     for token in text:
>>>         frequency[token] += 1
>>>
>>> texts = [[token for token in text if frequency[token] > 1]
>>>     for text in texts]
>>> from pprint import pprint  # pretty-printer
>>> pprint(texts)[['human', 'interface', 'computer'],
        ['survey', 'user', 'computer', 'system', 'response', 'time'],
        ['eps', 'user', 'interface', 'system'],
        ['system', 'human', 'system', 'eps'],
        ['user', 'response', 'time'],
        ['trees'],
        ['graph', 'trees'],
        ['graph', 'minors', 'trees'],
        ['graph', 'minors', 'survey']]
```

可使用不同的方式处理文档, 在这里仅利用空格切分字符串来标记化, 并将它们都转换成小写。

为了将文档转换为向量, 我们将会使用一种称为词袋 (Bag-of-Words) 的文档表示方法。在这种表示方法中, 每个文档由一个向量表示, 该向量的每个元素都代表一个问-答对:

"system 这个单词出现了多少次？1 次。"

我们最好用问题的（整数）编号来代替问题。问题与编号之间的映射，我们称其为字典（Dictionary）。

```
>>> dictionary = corpora.Dictionary(texts)
>>> dictionary.save('/tmp/deerwester.dict')  # 把字典保存起来，方便以后使用
>>> print(dictionary)
    Dictionary(12 unique tokens)
```

上述代码中，我们利用 gensim.corpora.dictionary.Dictionary 类为每个出现在语料库中的单词分配了一个独一无二的整数编号。这个操作收集了单词计数及其他相关的统计信息。在最后，我们看到语料库中有 12 个不同的单词，表明每个文档将会用 12 个数字表示（即 12 维向量）。以下代码可用于查看单词与编号之间的映射关系。

```
>>> print(dictionary.token2id)
    {'minors': 11, 'graph': 10, 'system': 5, 'trees': 9, 'eps': 8, 'computer': 0,
    'survey': 4, 'user': 7, 'human': 1, 'time': 6, 'interface': 2, 'response': 3}
```

为了将标记化的文档真正转换为向量，还需要产生稀疏文档向量。

```
>>> new_doc = "Human computer interaction"
>>> new_vec = dictionary.doc2bow(new_doc.lower().split())
>>> print(new_vec)  # "interaction"没有在dictionary中出现，因此会被忽略
    [(0, 1), (1, 1)]
```

方法 doc2bow() 简单地对每个单词的出现次数进行了计数，并将单词转换为其编号，然后以稀疏向量的形式返回结果。因此，稀疏向量[(0, 1), (1, 1)]表示：在"Human computer interaction"中"computer"(id 0) 和 "human"(id 1)各出现一次；其他 10 个 dictionary 中的单词没有出现过。

```
>>> corpus = [dictionary.doc2bow(text) for text in texts]
>>> corpora.MmCorpus.serialize('/tmp/deerwester.mm', corpus) # 存入硬盘，以备后需
>>> pprint(corpus)
    [(0, 1), (1, 1), (2, 1)]
    [(0, 1), (3, 1), (4, 1), (5, 1), (6, 1), (7, 1)]
    [(2, 1), (5, 1), (7, 1), (8, 1)]
    [(1, 1), (5, 2), (8, 1)]
    [(3, 1), (6, 1), (7, 1)]
    [(9, 1)]
    [(9, 1), (10, 1)]
    [(9, 1), (10, 1), (11, 1)]
    [(4, 1), (10, 1), (11, 1)]
```

上面的输出表明：对于前 6 个文档来说，编号为 10 的属性值为 0 表示"文档中

'graph'出现了几次"的答案是"0";而其他文档的答案是 1。

我们可以采用几种文件格式来序列化一个向量空间语料库并存到硬盘上。Gensim 通过之前提到的语料库流接口（Streaming Corpus Interface）实现了这些方法，并用一个惰性加载方式将文档从硬盘中读出（或写入）。一次一个文档（Document），不必将整个语料库读入主内存。

在所有的语料库格式中，一种非常著名的文件格式是 Market Matrix 格式。将语料库保存为这种格式，代码如下：

```
>>> from gensim import corpora
>>> # 创建一个小语料库
>>> corpus = [[(1, 0.5)], []]  # 让一个文档为空，作为它的 heck
>>> corpora.MmCorpus.serialize('/tmp/corpus.mm', corpus)
```

其他文件格式还有 Joachim's SVMlight、Blei's LDA-C、GibbsLDA++等：

```
>>> corpora.SvmLightCorpus.serialize('/tmp/corpus.svmlight', corpus)
>>> corpora.BleiCorpus.serialize('/tmp/corpus.lda-c', corpus)
>>> corpora.LowCorpus.serialize('/tmp/corpus.low', corpus)
```

Gensim 中包含的许多高效的工具函数可用来实现语料库与 NumPy 矩阵之间的互相转换：

```
>>> corpus = gensim.matutils.Dense2Corpus(numpy_matrix)
>>>numpy_matrix=gensim.matutils.corpus2dense(corpus,
    num_terms=number_of_corpus_features)
```

实现语料库与 SciPy 稀疏矩阵之间的转换代码如下：

```
>>> corpus = gensim.matutils.Sparse2Corpus(scipy_sparse_matrix)
>>> scipy_csc_matrix = gensim.matutils.corpus2csc(corpus)
```

4.5　KNN 算法

4.5.1　原理与应用场景

K 近邻（K Nearest Neighbors）算法又称为 KNN 算法，是一种非常直观并且容易理解和实现的有监督分类算法。该算法的基本思想是寻找与待分类的样本在特征空间中距离最近的 K 个已标记样本（即 K 个近邻），以这些样本的标记为参考，通过投票等方式，将占比最高的类别标记赋给待标记样本。该方法被形象地描述为"近朱者赤，近墨者黑"。

由算法的基本思想可知，KNN 分类决策需要待标记样本与所有训练样本做比较，不具有显式的参数学习过程，在训练阶段仅仅是将样本保存起来，训练时间为零，可以看作直接预测。

KNN 算法需要确定 K 值、距离度量和分类决策规则。

需要注意的是，随着 K 取值的不同，会获得不同的分类结果。如图 4-1 所示，位于中心的 **+** 表示待分类样本，当 $K=3$ 时，待分类样本点的近邻都为 ■，可判定类别为 ■；当 $K=9$ 时，该样本的近邻中 ■ 与 ▲ 的比例为 5:4，仍可判定类别为 ■；当 $K=15$ 时，该样本的近邻中 ■ 与 ▲ 的比例为 6:9，此时，该样本被判定类别为 ▲。一般地，K 值过小时，只有少量的训练样本对预测起作用，容易发生过拟合，或者受含噪声训练数据的干扰导致预测错误；反之，K 值过大时，过多的训练样本对预测起作用，当不同类别样本数量不均衡时，结果将偏向数量占优的样本，也容易产生预测错误。实际应用中，K 值一般取较小的奇数。一般以分类错误率或者平均误差等作为评价标准，采用交叉验证法选取最优的 K 值。当 $K=1$ 时，该算法又称为最近邻算法。

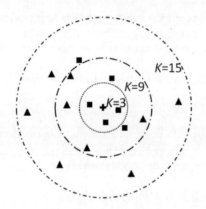

图 4-1　KNN 算法示意图

两个样本的距离反映的是两个样本的相似程度。KNN 算法要求数据的所有特征都可以做量化比较，若在数据特征中存在非数值的类型，必须先将其量化为数值，再进行距离计算。K 近邻模型的特征空间一般是 n 维实数向量空间。常用的距离度量为欧氏距离，也可以是一般的 L_p 距离、离散余弦距离等。不同的距离度量所确定的最近邻点是不同的，对分类的精度影响较大。

分类决策通常采用多数表决。当分类决策目标是最小化分类错误率时，多数表决规则等价于经验风险（即误分率）最小化：

$$\frac{1}{K}\sum_{x_i \in N_k(x)} R(y_i \neq c_j \mid x) = 1 - \frac{1}{K}\sum_{x_i \in N_k(x)} p(y_i = c_j \mid x).$$

其中，x 表示测试样本的特征数据；$N_k(x)$ 表示与 x 最邻近的 k 个训练数据集合，涵盖该集合的类别为 c_j；x_i 表示 $N_k(x)$ 中的第 i 个样本，y_i 表示这个训练样本的标记。要使误分率最小，就要使 $\sum\limits_{x \in N_k(x)} p(y_i = c_j)$ 最大，即多数表决：

$$c_j = \arg\max_{c \in y} \sum_{x_i \in N_k(x)} I(y_i = c).$$

其中，$I(y_i = c)$ 是指示函数，即当 $y_i = c$ 时其值为 1，否则，其值为 0。

K 近邻算法的优点如下。

- 简单，易于理解，易于实现。
- 只需保存训练样本和标记，无须估计参数，无须训练。
- 不易受最小错误概率的影响。经理论证明，最近邻的渐进错误率最坏时不超过两倍的贝叶斯错误率，最好时接近或达到贝叶斯错误率。

K 近邻算法的缺点如下。

- K 的选择不固定。
- 预测结果容易受含噪声数据的影响。
- 当样本不平衡时，新样本的类别偏向于训练样本中数量占优的类别，容易导致预测错误。
- 具有较高的计算复杂度和内存消耗，因为对每一个待分类的文本，都要计算它到全体已知样本的距离，才能求得它的 K 个最近邻点。

针对 KNN 算法的缺点，产生了两个主要的改进方向：提高分类效果和提高分类效率。

在经典的 K 近邻算法中，每个近邻对最后的决策产生的作用都一样，而人类的直观感受是距离越近的作用越大，由此产生了距离加权最近邻算法，即为距离越近的样本赋予越大的权重，以此来提高分类效果。也有人根据每个类别的数目为每个类别选取不同的 K 值。

对于包含 N 个 p 维特征的训练集，经典 KNN 算法的时间复杂度为 $O(p^N)$。为了减少计算复杂度和内存消耗，提高 KNN 算法的分类效率，一种常用的策略是利用降维方法获得特征数据在某种意义上最优的低维表示，或利用特征选择方法删除对分类结果影响较小的属性，提高距离计算的运算效率。另一种常用的策略是预建立结构，通常根据训练样本之间的相对距离将训练集组织成某种形式的搜索树（例如，kd 树），在计算近邻样本时，只需在搜索树的某个分支中查找，从而降低了计算量。

4.5.2　实现 KNN 算法

在 3.2.3 节中我们使用 KNN 算法实现了 Iris 数据集的分类模型。本节中，我们将使用 KNN 分类模型实现 Scikit-learn 自带的手写数字数据集的分类，该数据集由 1797 张 8×8 的手写位图组成。

（1）数据的加载。主要是导入数据集，并将其分为训练集和测试集。

```
#导入包
>>>from sklearn import datasets
>>>from sklearn.model_selection import train_test_split
#加载数据
>>>digits = datasets.load_digits()
>>>X_digits = digits.data
>>>y_digits = digits.target
#将数据分为训练集和测试集
>>>X_train,X_test,y_train, y_test = train_test_split(X_digits, y_digits,
test_size=0.25, random_state=4)
```

在上述代码中，random_state 为随机数种子，在对同一组数据进行分类实验需要调整其他参数时，应固定该参数的值，避免因每次挑选不同的数据作训练集造成结果的不同；test_size 表示样本数据被分为测试集的比例，25%遵循一个常用的惯例，也可以设置为 20%或其他比例。

（2）选择模型。这里选择 sklearn.neighbors 模块中的 KNN 分类模型 KNeighborsClassifier。其原型为：

```
sklearn.neighbors.KNeighborsClassifier(n_neighbors=5,weights='uniform',algorithm=
'auto',leaf_size=30,p=2,metric='minkowski',metric_params=None,n_jobs=1,**kwargs)
```

其中，n_neighbors 指定 K 的值，默认为 5；weights 指定每个样本投票的权重，默认值为"uniform"表示所有投票权重都相等，还可以设置为"distance"，表示投票权重与距离呈反比，或者传入数组指定权重；algorithm 指定计算最近邻的算法，默认为自动决定最合适的算法，也可以指定采用暴力搜索法或 kd 树方法等；leaf_size 指定树搜索算法的叶子节点规模；metric 指定距离度量，默认为"minkowski"，p 指定"minkowski"距离的指数，p=1 对应曼哈顿距离，p=2 对应欧氏距离等；n_jobs 指示是否并行运算。

我们将 KNN 算法对应的分类模型实例命名为 knn。

```
# 导入K近邻（K-Nearest Neighbor, KNN）分类算法模块
>>> from sklearn.neighbors import KNeighborsClassifier
>>>knn = KNeighborsClassifier()
```

（3）模型的训练。对于 KNN 算法对应的分类模型实例 knn，采用 train_test_split()方法分割后的 X_train 和 y_train 对象变量作为训练集，并将训练集传递给 fit()方法来完成训练。

```
#训练模型
>>> knn.fit(X_train, y_train)
```

（4）模型的预测。利用训练阶段得到的分类模型实例 knn，采用 train_test_split()方法分割后的 X_test 对象变量作为测试集，通过将测试集传递给 predict()方法来完成预测。

```
#将模型预测准确率打印出来
>>> print(knn. predict (X_test))
0.973684210526
```

（5）模型的评测。利用预测阶段得到的分类模型实例 knn，采用 train_test_split()方法分割后的 X_test 和 y_test 对象变量作为测试集，通过将测试集传递给 score()方法来完成评测。

```
#将模型预测准确率打印出来
>>> print(knn.score(X_test, y_test))
0.973684210526
```

（6）模型的保存。当模型训练完成后，可以将模型永久化保存，这样在下次就可以直接使用模型，避免下次花费过长时间训练大量数据，以及方便模型的转移。

可以通过 Python 的内置持久化模块（即 pickle）将模型保存：

```
>>> import pickle
>>> s = pickle.dumps(knn)
>>> knn2 = pickle.loads(s)
>>> knn2.predict(knn2.predict(X[0:1]))
```

在具体情况下，使用 joblib 替换 pickle(joblib.dump & joblib.load)可能会对大数据更有效，但只能序列化（Pickle）到磁盘而不是字符串变量：

```
#joblib 模块
>>> from sklearn.externals import joblib
#保存 Model（注：save 文件夹要预先建立，否则会报错）
>>> joblib.dump(knn, 'filename.pkl')
#之后，您可以加载已保存的模型（可能在另一个 Python 进程中）
>>> knn = joblib.load('filename.pkl')
#测试读取后的 Model
print(clf3.predict(X[0:1]))
```

4.6　多类问题

4.6.1　原理与应用场景

并不是所有的分类算法都能直接处理多类问题，但大部分分类算法都支持二分类问题，因此，处理多类问题常采用以下方法。

1. 一对多（One-Versus-the-Rest，OVR）

最早 SVM 算法实现多类问题就是采用的此种方法，其基本思想是将多个类别转化成两类来实现。在训练时，对于 K 个类别的样本数据，需要训练 K 个二值分类器，在构造时，将第 i 个子分类的样本数据标记为正类，其他不属于类别 i 的样本数据标记为负类。测试时，对测试数据分别计算判别函数值，如果只有一个分类器输出正值，那么可直接判决结果为相应分类器编号，否则选取判别函数值最大的类别为测试数据的类别。这种方法简单有效，而且在使用类似 logistic 这种有概率值大小可以比较的情况下，类边界其实是个有范围的值，可以增加正确率。这种方式的优点是：训练 K 个分类器，个数较少，分类速度相对较快。缺点是：每个分类器的训练都是将全部的样本作为训练样本，训练速度会随着训练样本数量的增加而急剧减慢；同时由于负类样本的数据要远远大于正类样本的数据，从而出现了样本不对称的情况，且这种情况随着训练数据的增加趋向严重。要解决不对称的问题，可以引入不同的惩罚因子，对样本点来说，较少的正类可以采用较大的惩罚因子。还有就是当有新的类别加入进来时，需要对所有的模型进行重新训练。

2. 一对一（One-Versus-One，OVO）

训练阶段为每一对不同的类别训练一个二值分类器。预测阶段则采用投票的方式决定样本的类别。因此，对于 n 个类别的分类问题，该策略需要建立 $n(n-1)/2$ 个分类器，具有较高的复杂度，一般比 OVR 策略慢。例如：鸢尾花数据有 3 个类别，我们分别训练（类 1，类 2）、（类 1，类 3）、（类 2，类 3），总共 $3 \times (3-1)/2=3$ 个二值分类器。在预测阶段，将新的样本数据 X 分别送入 3 个二值分类器，如果 X 在（类 1，类 2）中属于类 1，在（类 1，类 3）中属于类 1，在（类 2，类 3）中属于类 2，即 X 属于类 1 的投票数是 2，属于类 2 的投票数是 1，属于类 3 的投票数是 0，那么 X 就属于类 1。这种方式的优点是：在增加样本的情况下，不需要重新训练所有的二值分类器，只需要重新训练和增加与样本相关的分类器，在训练单个模型时，相对速度较快。缺点是：所需构造和测试的二值分类器的数量关于 k 呈二次函数增长，总训练时间和测试时间相对较慢。

3. 纠错输出编码（Error-Correcting Output-Codes）

在纠错输出编码中，主要的分类任务由基学习器实现的一组子任务来定义。其思想是：将一个类从其他类区分出来的原始任务可能是一个困难的问题。作为替代，我们定义一组简单的分类问题，每个只专注于原始任务的一个方面，然后通过组合这些简单的分类器来得到最终的分类器。

编码矩阵使我们可以用二分类问题定义多类问题。这是一种适用于任意可以实现二分类学习器的学习算法的方法，例如，线性或多层感知器、决策树或初始定义的二分类问题的 SVM。

4.6.2　实现多类问题

Scikit-learn 工具包中的所有分类器都支持多类问题。

1．原生多分类模型

- sklearn.naive_bayes.BernoulliNB
- sklearn.tree.DecisionTreeClassifier
- sklearn.tree.ExtraTreeClassifier
- sklearn.ensemble.ExtraTreesClassifier
- sklearn.naive_bayes.GaussianNB
- sklearn.neighbors.KNeighborsClassifier
- sklearn.semi_supervised.LabelPropagation
- sklearn.semi_supervised.LabelSpreading
- sklearn.discriminant_analysis.LinearDiscriminantAnalysis
- sklearn.svm.LinearSVC (setting multi_class="crammer_singer")
- sklearn.linear_model.LogisticRegression (setting multi_class="multinomial")
- sklearn.linear_model.LogisticRegressionCV (setting multi_class="multinomial")
- sklearn.neural_network.MLPClassifier
- sklearn.neighbors.NearestCentroid
- sklearn.discriminant_analysis.QuadraticDiscriminantAnalysis
- sklearn.neighbors.RadiusNeighborsClassifier
- sklearn.ensemble.RandomForestClassifier
- sklearn.linear_model.RidgeClassifier
- sklearn.linear_model.RidgeClassifierCV

2．采用一对一策略的多分类模型

- sklearn.svm.NuSVC
- sklearn.svm.SVC
- sklearn.gaussian_process.GaussianProcessClassifier (setting multi_class = "one_vs_one")

3．采用一对多策略的多分类模型

- sklearn.ensemble.GradientBoostingClassifier
- sklearn.gaussian_process.GaussianProcessClassifier (setting multi_class = "one_vs_rest")
- sklearn.svm.LinearSVC (setting multi_class="ovr")
- sklearn.linear_model.LogisticRegression (setting multi_class="ovr")

- sklearn.linear_model.LogisticRegressionCV (setting multi_class="ovr")
- sklearn.linear_model.SGDClassifier
- sklearn.linear_model.Perceptron
- sklearn.linear_model.PassiveAggressiveClassifier

以上方法可以直接应用于多类问题。除非想要比较不同多分类策略的效果，我们并不需要直接调用 sklearn.multiclass 模块，该模块实现了将多类和多标签问题分解为一系列二分类问题，并综合每个二分类问题的结果来解决多类问题的过程。我们也可以利用 sklearn.multiclass 模块个性化设置多分类策略。

一对多策略可在 OneVsRestClassifier 中实现，以下代码采用该策略使用 LinearSVC 分类器分析多类问题：

```
>>> from sklearn import datasets
>>> from sklearn.multiclass import OneVsRestClassifier
>>> from sklearn.svm import LinearSVC
>>> iris = datasets.load_iris()
>>> X, y = iris.data, iris.target
>>> OneVsRestClassifier(LinearSVC(random_state=0)).fit(X, y).predict(X)
    array([0, 0, 0, 0, 0, 0, 0, 0, 0, 0, 0, 0, 0, 0, 0, 0, 0, 0, 0, 0, 0, 0,
    0, 0, 0, 0, 0, 0, 0, 0, 0, 0, 0, 0, 0, 0, 0, 0, 0, 0, 0, 0, 0, 0,
    0, 0, 0, 0, 1, 1, 1, 1, 1, 1, 1, 1, 1, 1, 1, 1, 1, 1, 1, 1, 1, 1,
    1, 2, 1, 1, 1, 1, 1, 1, 1, 1, 1, 1, 1, 2, 2, 1, 1, 1, 1, 1, 1, 1,
    1, 1, 1, 1, 1, 1, 1, 2, 2, 2, 2, 2, 2, 2, 2, 2, 2, 2, 2, 2, 2,
    2, 2, 2, 2, 2, 2, 2, 2, 2, 2, 2, 1, 2, 2, 2, 1, 2, 2, 2, 2,
    2, 2, 2, 2, 2, 2, 2, 2, 2, 2, 2])
```

一对一策略可在 OneVsOneClassifier 中实现，以下代码采用该策略使用 LinearSVC 分类器分析多类问题：

```
>>> from sklearn import datasets
>>> from sklearn.multiclass import OneVsOneClassifier
>>> from sklearn.svm import LinearSVC
>>> iris = datasets.load_iris()
>>> X, y = iris.data, iris.target
>>> OneVsOneClassifier(LinearSVC(random_state=0)).fit(X, y).predict(X)
    array([0, 0, 0, 0, 0, 0, 0, 0, 0, 0, 0, 0, 0, 0, 0, 0, 0, 0, 0, 0, 0, 0,
    0, 0, 0, 0, 0, 0, 0, 0, 0, 0, 0, 0, 0, 0, 0, 0, 0, 0, 0, 0, 0, 0,
    0, 0, 0, 0, 1, 1, 1, 1, 1, 1, 1, 1, 1, 1, 1, 1, 1, 1, 1, 1, 1, 1,
    1, 2, 1, 2, 1, 1, 1, 1, 1, 1, 1, 2, 1, 1, 1, 1, 1, 1, 1, 1, 1, 1,
    1, 1, 1, 1, 1, 1, 1, 2, 2, 2, 2, 2, 2, 2, 2, 2, 2, 2, 2, 2, 2,
    2, 2, 2, 2, 2, 2, 2, 2, 2, 2, 2, 2, 2, 2, 2, 2, 2, 2, 2, 2,
    2, 2, 2, 2, 2, 2, 2, 2, 2, 2, 2])
```

纠错输出编码策略可在 OutputCodeClassifier 中实现，以下代码采用该策略使用 LinearSVC 分类器分析多类问题：

```
>>> from sklearn import datasets
>>> from sklearn.multiclass import OutputCodeClassifier
>>> from sklearn.svm import LinearSVC
>>> iris = datasets.load_iris()
>>> X, y = iris.data, iris.target
>>> clf = OutputCodeClassifier(LinearSVC(random_state=0),
...                            code_size=2, random_state=0)
>>> clf.fit(X, y).predict(X)
     array([0, 0, 0, 0, 0, 0, 0, 0, 0, 0, 0, 0, 0, 0, 0, 0, 0, 0, 0, 0, 0,
     0, 0, 0, 0, 0, 0, 0, 0, 0, 0, 0, 0, 0, 0, 0, 0, 0, 0, 0, 0, 0, 0,
     0, 0, 0, 0, 1, 1, 1, 1, 1, 1, 2, 1, 1, 1, 1, 1, 1, 1, 1, 1, 2, 1, 1,
     1, 2, 1, 1, 1, 1, 1, 2, 1, 1, 1, 1, 1, 2, 2, 2, 1, 1, 1, 1, 1, 1,
     1, 1, 1, 1, 1, 1, 1, 1, 2, 2, 2, 2, 2, 2, 2, 2, 2, 2, 2, 2, 2, 2,
     2, 2, 2, 2, 1, 2, 2, 2, 2, 2, 2, 2, 2, 1, 2, 2, 2, 1, 1, 2, 2, 2,
     2, 2, 2, 2, 2, 2, 2, 2, 2, 2, 2, 2])
```

第 5 章
回归算法与应用

分类算法因具有预测功能而在实际生产生活中具有十分广泛的应用。本章将介绍另外一种具有预测功能的数据挖掘方法——回归分析。首先介绍回归分析的基本概念，然后分别介绍线性回归模型、岭回归和 LASSO 模型，以及逻辑回归模型的算法模型及其实验实现。

本章重点内容如下。

（1）回归分析模型。

（2）线性回归模型。

（3）岭回归和 LASSO 模型。

（4）逻辑回归模型。

（5）线性回归、岭回归和 LASSO 以及逻辑回归模型的实验实现。

5.1 回归预测问题

回归分析（Regression Analysis）是确定两种或两种以上变量间相互依赖关系的一种统计分析方法，是应用极其广泛的数据分析方法之一。作为一种预测模型，它基于观测数据建立变量间适当的依赖关系，以便分析数据间的内在规律，并用于预测、控制等问题。

假设我们想要一个能够预测二手车价格的系统。该系统输入的是我们认为会影响车价的属性信息：品牌、车龄、发动机性能、里程以及其他信息。输出的则是车的价格。这种输出为数值的问题可归结为回归问题。

假设用 x 表示车的属性，y 表示车的价格。调查以往的交易情况，能够收集到多项训练数据。机器学习程序能够使用一个函数拟合这些数据（见图 5-1），拟合函数形式如下：

$$y = wx + w_0$$

　　回归和分类均为监督学习（Supervised Learning）问题，其中输入 x 和输出 y 的数值是给定的，任务是学习从输入到输出的映射。机器学习的方法是，先假定某个依赖于某一组参数的模型：

$$y = g(x|\theta)$$

其中，$g(\cdot)$ 是模型，θ 是模型参数。对于回归，y 是数值，$g(\cdot)$ 为回归函数。机器学习程序优化参数 θ，使得逼近误差最小。也就是说，我们的估计要尽可能接近训练集中给定的正确值。例如，图 5-1 所示的模型是线性的，w 和 w_0 是为最佳拟合训练数据优化的参数。在线性模型限制过强的情况下，我们可以使用二次函数：

$$y = w_2 x^2 + w_1 x + w_0$$

或更高阶的多项式，或其他非线性函数，为最佳拟合优化参数。

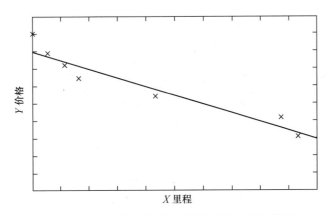

图 5-1　二手车的训练数据及其拟合函数（线性模型）

　　回归的另一个例子是对移动机器人的导航，如自动汽车导航。其中，输出的数值是每次转动的角度，使得汽车在前进过程中不会撞到障碍物或偏离车道，输入的数值由汽车的传感器（如相机、GPS 等）提供。训练数据可以通过监视和记录驾驶员的动作收集。

　　我们来想象一下回归的其他应用，尝试优化一个函数。假设要制造一个焙炒咖啡的机器，该机器有多个影响咖啡品质的输入数值：各种温度、时间、咖啡豆的种类等。我们针对不同的输入配置进行大量实验，并检测咖啡的品质。例如，可根据消费者的满意度测量咖啡的品质。为了寻求最优配置，我们可以先拟合一个回归模型，并在当前模型的最优样本附近选择一些新的点来检测咖啡的品质，再将它们加入训练数据，并拟合新的模型。这通常被称为响应面设计（Response Surface Design）。

　　预测问题可以划分为回归和分类两大类，前者的输出为连续值，后者的输出为离散值。由于这两类问题具有不同的特点，所以需要使用不同的分析方法。本章只对回归问题进行讨论。

5.2　线性回归

当两个或多个变量间存在线性相关关系时，常常希望在变量间建立定量关系，相关变量间的定量关系的表达即是线性回归。在线性回归中，按照因变量的多少，可以分为简单回归分析和多重回归分析。如果在回归分析中只包括一个自变量和一个因变量，且二者之间的关系可以用一条直线近似表示，可称其为一元线性回归分析；如果在回归分析中包括两个或两个以上的自变量，且自变量之间存在线性关系，则称其为多元线性回归分析。

5.2.1　原理与应用场景

给定由 d 个属性描述的示例 $x=(x_1, x_2, \cdots, x_d)$，其中，$x_i$ 是 x 在第 i 个属性上的取值，线性模型就是通过属性的线性组合来构造预测的函数，即：

$$f(x) = w_1 x_1 + w_2 x_2 + \cdots + w_a x_a + b$$

一般用向量形式写成：

$$f(x) = w^{\mathrm{T}} x + b$$

其中，$w = (w_1, w_2, \cdots, w_d)$。得到参数 w 和 b 之后，模型就可以确定了。

线性模型形式简单、易于建模，但却蕴含着机器学习中一些重要的思想，许多功能更为强大的非线性模型可在线性模型的基础上通过引入层级结构或高维映射获得。此外，由于 w 直观表达了各属性在预测中的重要性，因此线性模型有很好的解释性。

给定数据集 $D = \{(x_1, y_1), (x_2, y_2), \cdots, (x_m, y_m)\}$，其中 $x_i = (x_{i1}, x_{i2}, \cdots, x_{id})$，$y_i \in R$。线性回归就是通过线性模型建立一个数据间的映射关系，即将样本映射到一个预测变量上。

我们先考虑一种最简单的情形，即输入属性的数目只有一个。为便于讨论，此时忽略属性的下标，即 $D = \{(x_i, y_i)\}_{i=1}^{m}$，其中 $x_i \in R$。对离散属性，若属性值间存在序关系，可通过连续化将其转化为连续值，例如，二值属性身高的取值"高""矮"可转化为(1.0,0.0)，三值属性高度的取值 "高""中""矮" 可转化为 $(1.0, 0.5, 0.0)$。

在上述情形下，线性回归的目的是为了构建函数 $f(x_i) = w x_i + b$，使 $f(x_i) \simeq y_i$。

那么如何确定 w 和 b 呢？显然，关键在于如何衡量 $f(x)$ 与 y 之间的差别。均方误差是回归算法中最常用的性能度量,是反映函数 $f(x_i)$ 的估计量与真实值差异程度的一种度量，因此我们寻求使均方差最小的 w 和 b ，即：

$$(w^*, b^*) = \arg\min_{(w,b)} \sum_{i=1}^{m} (f(x_i) - y_i)^2$$

$$= \arg\min_{(w,b)} \sum_{i=1}^{m} (y_i - wx_i - b)^2$$

均方误差对应了常用的欧几里得距离（简称"欧氏距离"）。基于均方误差最小化来进行模型求解的方法称为"最小二乘法"。在线性回归中，最小二乘法就是试图找到一条直线使所有样本到直线的欧氏距离之和最小。

求解 w 和 b 使 $E_{(w,b)} = \sum_{i=1}^{m} (y_i - wx_i - b)^2$ 最小化的过程，称为最小二乘法的"参数估计"。具体过程如下，将 $E_{(w,b)}$ 分别对 w 和 b 求偏导，可知：

$$\frac{\partial E_{(w,b)}}{\partial w} = 2\left(w\sum_{i=1}^{m} x_i^2 - \sum_{i=1}^{m}(y_i - b)x_i \right)$$

$$\frac{\partial E_{(w,b)}}{\partial w} = 2\left(mb - \sum_{i=1}^{m}(y_i - w_i) \right)$$

然后令上两式为 0 ，可得 w 和 b 的最优解为：

$$w = \frac{\sum\limits_{i=1}^{m} y_i(x_i - \bar{x})}{\sum\limits_{i=1}^{m} x_i^2 - \frac{1}{m}\left(\sum_{i=1}^{m} x_i \right)^2}$$

$$b = \frac{1}{m} \sum_{i=1}^{m}(y_i - wx_i)$$

其中， $\bar{x} = \frac{1}{m}\sum\limits_{i=1}^{m} x_i$ 为 x 的均值。

一般的情形是数据集 D 的样本由 d 个属性描述，此时回归算法的目的是为了构建函数 $f(x_i) = w^{\mathrm{T}}x_i + b$ ，使得 $f(x_i) \simeq y_i$ ，这称为"多元线性回归"。类似的，也可利用最小二乘法来对 w 和 b 进行评估。

5.2.2　实现线性回归

本节是基于 Matplotlib、NumPy、Pandas 以及 Sklearn 等库文件实现线性回归的。首先，导入相应的库文件，其中，Matplotlib 是 Python 2D 绘图模块，NumPy 和 Pandas 是数据处理模块，Sklearn 是机器学习算法模块。

```
#encoding:utf-8
>>>import matplotlib.pyplot as plt
>>>import numpy as np
>>>import pandas as pd
>>>from sklearn import datasets, linear_model
```

下面定义一个线性回归拟合函数 Linear_model_main()，其中，X_parameters 和 Y_parameter 是样本点值，predict_value 是要预测的自变量值。要求返回线性拟合系数 a 和 b，并预测出的因变量值。这里使用的是 Scikit-learn 机器学习算法包，该算法包是目前 Python 实现的机器算法包中最好的一个。

```
>>>def linear_model_main(X_parameters,Y_parameters,predict_value):
>>>     # 创建一个线性回归实例
>>>     regr = linear_model.LinearRegression()
>>>     regr.fit(X_parameters, Y_parameters)   #train model
>>>     predict_outcome = regr.predict(predict_value)
>>>     predictions = {}
>>>     predictions['intercept'] = regr.intercept_
>>>     predictions['coefficient'] = regr.coef_
>>>     predictions['predicted_value'] = predict_outcome
>>>     return predictions
```

下面定义一个拟合曲线绘图函数 show_linear_(line)，输入的是样本值 X_parameters 和 Y_parameters，要求输出样本的散点图以及拟合曲线。

```
>>>def show_linear_line(X_parameters,Y_parameters):
>>>     # 创建一个线性回归实例
>>>     regr = linear_model.LinearRegression()
>>>     regr.fit(X_parameters, Y_parameters)
>>>     plt.scatter(X_parameters,Y_parameters,color='blue')
>>>     plt.plot(X_parameters,regr.predict(X_parameters),color='red',linewidth=4)
>>>     plt.xticks(())
>>>     plt.yticks(())
>>>     plt.show()
```

测试代码如下所示，其中，X 和 Y 为训练样本，predictvalue 为需预测的自变量取值。

```
>>>X = [[150.0], [200.0], [250.0], [300.0], [350.0], [400.0], [600.0]]
>>>Y = [6450.0, 7450.0, 8450.0, 9450.0, 11450.0, 15450.0, 18450.0]
>>>predictvalue = 700
>>>result = linear_model_main(X,Y,predictvalue)
>>>print "截距值: ", result['intercept']
>>>print "常数值: ", result['coefficient']
>>>print "预测值: ", result['predicted_value']
>>>show_linear_line(X,Y)
```

输出结果为：

截距值：1771.80851064
常数值：[28.77659574]
预测值：[21915.42553191]

拟合曲线如图 5-2 所示。

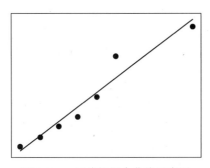

图 5-2　一元线性拟合曲线示意图

5.3　岭回归和 Lasso 回归

岭回归与 Lasso 回归的出现是为了解决线性回归中出现的非满秩矩阵求解出错问题和过拟合问题，它是通过在损失函数中加入正则化项来实现的，三者的损失函数对比如下所示。

线性回归的损失函数：

$$J(\omega) = \sum_{i=1}^{m}(y_i - f(x_i))^2 = \| y - X_\omega \|^2$$

岭回归的损失函数：

$$J(\omega) = \sum_{i=1}^{m}(y_i - f(x_i))^2 + \lambda\sum_{i=1}^{m}\omega_i^2 = \| y - X_\omega \|^2 + \lambda \| \omega \|^2$$

Lasso 回归的损失函数：

$$J(\omega) = \sum_{i=1}^{m}(y_i - f(x_i))^2 + \lambda\sum_{i=1}^{m}| \omega_i | = \| y - X_\omega \|^2 + \lambda \| \omega \|_1^2$$

其中，$\| \cdot \|$ 表示 2-范数，$\| \cdot \|_1$ 表示 1-范数。

5.3.1　原理与应用场景

在讨论岭回归和 Lasso 回归之前，先来学习两个概念。监督学习有两大基本策略：

经验风险最小化和结构风险最小化。使用经验风险最小化策略可以求解最优化问题，线性回归中的求解损失函数最小化问题即采用的是经验风险最小化策略。经验风险最小化的定义为：

$$R_{\text{emp}}(f) = \frac{1}{N}\sum_{i=1}^{N}L(y_i, f(x_i))$$

它可用于求解最优化问题，即：

$$\min_{f\epsilon F} R_{\text{emp}}(f) = \min_{f\epsilon F}\frac{1}{N}\sum_{i=1}^{N}L(y_i, f(x_i))$$

由统计学知识可知，当训练集足够大时，经验风险最小化能够保证得到很好的学习效果。当训练集较小时，则会产生过拟合现象。虽然对训练集数据的拟合程度高，但对未知数据的预测精确度低，可见这样的模型不是适用的模型。

结构风险最小化是为了防止过拟合现象而提出的策略。结构风险最小化等价于正则化，即在经验风险上加上表示模型复杂度的正则化项或者称作罚项。在确定损失函数和训练集数据的情况下其定义为：

$$R_{\text{srm}}(f) = \frac{1}{N}\sum_{i=1}^{N}L(y_i, f(x_i)) + \lambda J(f)$$

它可用于求解最优化问题，即：

$$\min_{f\epsilon F} R_{\text{srm}}(f) = \min_{f\epsilon F}\frac{1}{N}\sum_{i=1}^{N}L(y_i, f(x_i)) + \lambda J(f)$$

通过调节 λ 值来权衡经验风险和模型复杂度，而岭回归和 Lasso 回归使用的就是结构风险最小化的思想。即在线性回归的基础上，加上对模型复杂度的约束。

岭回归的损失函数为：

$$J_R(\omega) = \| y - X\omega \|^2 + \lambda \| \omega \|^2$$

对 ω 求导，并令其为 0，可得到 ω 的最优解：

$$\hat{\omega}_R = (X^{\text{T}}X + \lambda I)^{-1}X^{\text{T}}y$$

Lasso 回归的损失函数为：

$$J_L(\omega) = \| y - X\omega \|^2 + \lambda\sum |\omega_i|$$

由于 Lasso 回归损失函数的导数在 0 点不可导，不能直接求导。可利用梯度下降求解，引入 subgradient 的概念。考虑简单函数，即 x 只有一维的情况下：

$$h(x) = (x-a)^2 + b|x|$$

首先定义 $|x|$ 在 0 点的梯度，称为 subgradient。

如图 5-3 所示，函数在某一点的导数可以看成函数在该点的切线，由于原点不是光

滑的（左右导数不一样），那么在原点就可以找到实线下方的无数条切线，形成一个曲线簇。我们可以把这些切线斜率的范围定义为这一点的 subgradient，也就是说 $|x|$ 在 0 点的导数可以是 $-1\sim1$ 范围内的任意值。

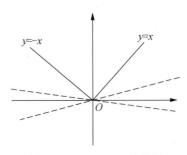

图 5-3　subgradient 示意图

那么可以得到 $h(x)$ 的导数：

$$h'(x)=\begin{cases}2(x-a)+cx, & if\ x>0\\ 2a+d, & if\ x=0 和-c<d<c\\ 2(x-a)-cx, & if\ x<0\end{cases}$$

可以看出，当 $-c<2a<c$，$x=0$ 时，$f'(x)$ 恒等于 0，即 $f(x)$ 达到极值点。同时也可以解释 Lasso 回归下得到的解稀疏的原因：当 c 在一定范围内时，只要 x 为 0，$f'(x)$ 就为 0。

当 x 拓展到多维向量时，导数方向的变化范围更大，问题也变得更复杂。常见的解决方法有如下几种。

（1）贪心算法。每次都要先找到跟目标最相关的特征，然后固定其他系数，优化这个特征的系数，具体求导也要用到 subgradient。代表算法有 LARS、feature-sign search 等。

（2）逐一优化。每次固定其他的维度，只选择一个维度进行优化，因为只能有一个方向有变化，所以可以转化为简单的 subgradient 问题，反复迭代所有的维度，直到达到收敛。代表算法有 coordinate descent、block coordinate descent 等，通过该方法求解得到的最优解 $\overline{w}$ 为：

$$\overline{w}^{j}=\operatorname{sgn}(\omega^{j})(|\omega^{j}|-\lambda)_{+}$$

其中，ω^{j} 表示任一维度，$(x)_{+}$ 表示 x 的取整部分，$(x)_{+}=\max(x,0)$。

Lasso 回归和岭回归的几何意义可参见图 5-4，红色的椭圆和蓝色区域的切点就是目标函数的最优解。我们可以看到，如果是圆形，则很容易切到圆周的任意一点，但是很难切到坐标轴上，则在该维度上的取值不为 0，因此没有稀疏；如果是菱形或者多边形，则很容易切到坐标轴上，使部分维度的特征权重为 0，因此很容易产生稀疏的结果。

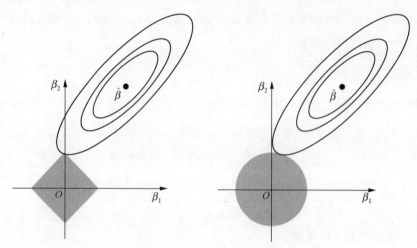

图 5-4 Lasso 回归和岭回归的几何意义示意图

线性回归是最常用的回归分析方法，其形式简单，在数据量较大的情况下，可以得到较好的学习效果；但在数据量较少的情况下会出现过拟合的现象。岭回归和 Lasso 回归可以在一定程度上解决这个问题。由于 Lasso 回归得到的是稀疏解，故除了可以用于回归分析外，还可以用于特征选取。

5.3.2 实现岭回归

本节基于 NumPy 和 Matplotlib 等库文件实现岭回归算法。首先，导入相应的库文件，其中，Matplotlib 为 Python 2D 绘图模块，NumPy 是数据处理模块。

```
#encoding:utf-8
>>>import numpy as np
>>>import matplotlib.pyplot as plt
```

岭回归函数 ridgeRegres() 的输入为岭回归函数的自变量 xMat、因变量 yMat 以及损失函数中的 lambda，其中，lambda 的默认值是 0.2，输出为使损失函数最小的 ws。

```
>>>def ridgeRegres(xMat,yMat,lambda=0.2):
>>>    xTx = xMat.T*xMat
>>>    denom = xTx + np.eye(np.shape(xMat)[1])*lambda
>>>    if np.linalg.det(denom) == 0.0:
>>>        print "This matrix is singular, cannot do inverse"
>>>        return
>>>    ws = denom.I * (xMat.T*yMat)
>>>    return ws
```

岭回归测试函数 ridgeTest() 的输入为岭回归函数所需测试样本的自变量 xArr、因变量 yArr，返回值为不同 lambda 对应的系数矩阵 wMat。

```
>>>def ridgeTest(xArr,yArr):
>>>    xMat = np.mat(xArr); yMat=np.mat(yArr).T
# 数据标准化
>>>    yMean = np.mean(yMat)
>>>    print(yMean)
>>>    yMat = yMat - yMean
>>>    print(xMat)
>>>    #归一化 X's
>>>    xMeans = np.mean(xMat,0)
>>>    xVar = np.var(xMat,0)
#（特征-均值）/方差
>>>    xMat = (xMat - xMeans) / xVar
>>>    numTestPts = 30
>>>    wMat = np.zeros((numTestPts,np.shape(xMat)[1]))
# 测试不同的 lambda 取值，获得系数
>>>    for i in range(numTestPts):
>>>        ws = ridgeRegres(xMat,yMat,np.exp(i-10))
>>>        wMat[i,:]=ws.T
>>>    return wMat
```

岭回归测试函数的输入为 filename 所包含的数据，其中，filename 为所需样本数据所在的文件，文件格式为文本文件。所得岭回归曲线如图 5-5 所示。

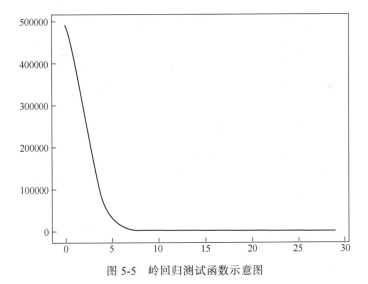

图 5-5　岭回归测试函数示意图

```
# 导入数据
>>>ex0 = np.loadtxt('filename',delimiter='\t')
>>>xArr = ex0[:,0:-1]
>>>yArr = ex0[:,-1]
>>>print xArr, yArr
>>>ridgeWeights = ridgeTest(xArr,yArr)
```

```
>>>print(ridgeWeights)
>>>plt.plot(ridgeWeights)
>>>plt.show()
```

5.4　逻辑回归

逻辑回归分析仅在线性回归分析的基础上套用了一个逻辑函数，用于预测二值型因变量，其在机器学习领域有着特殊的地位，并且是计算广告学的核心。在运营商的智慧运营案例中，逻辑回归分析可以通过历史数据预测用户未来可能发生的购买行为，通过模型推送的精准性降低营销成本以扩大利润。

5.4.1　原理与应用场景

线性回归模型可简写为：$y = w^{\mathrm{T}}x + b$。考虑单调可微分函数 $g(\cdot)$，令 $y = g^{-1}(w^{\mathrm{T}}x + b)$，这样得到的模型称为广义线性模型，其中，函数 $g(\cdot)$ 称为联系函数。线性回归模型要求因变量只能是定量变量（定距变量、定比变量），而不能是定性变量（定序变量、定类变量）。但在许多实际问题中，经常出现因变量是定性变量（分类变量）的情况。用于处理分类因变量的统计分析方法有判别分析和逻辑回归分析等。逻辑回归和多重线性回归实际上有很多相似之处，其最大的区别在于它们的因变量不同。

根据因变量的取值不同，逻辑回归分析可分为二元逻辑回归分析和多元逻辑回归分析。二元逻辑回归中的因变量只能取 0 和 1 两个值（虚拟因变量），而多元逻辑回归中的因变量可以取多个值（多分类问题）。

逻辑回归虽然名字里有"回归"二字，但它实际上是一种分类方法，主要用于二分类问题。考虑二分类任务，其输出标记为 $y \in \{0,1\}$，而线性回归模型产生的预测值 $z = w^{\mathrm{T}}x + b$ 是实值。因此，我们需要将实值转换为 0 或 1。最理想的是"单位阶跃函数"，即预测值 z 大于 0 就判定为正例，小于 0 则判定为反例，为临界值 0 则可任意判定。

$$y = \begin{cases} 0, & z < 0 \\ 0.5, & z = 0 \\ 1, & z > 1 \end{cases}$$

由于单位阶跃函数不连续，于是我们希望找到能在一定程度上近似单位阶跃函数的"替代函数"，并且希望它单调可微。Logistic 函数（或 Sigmod 函数）正是这样一个常用的替代函数，其函数形式为：

$$y = \frac{1}{1 + \mathrm{e}^{-z}} \tag{5.1}$$

它将 z 值转化为一个接近 0 或 1 的 y 值，并且其输出值在 $z = 0$ 附近变化很陡。将

Logistic 函数作为 $g^{-1}(\cdot)$ 代入式（5.1），得到：

$$y = \frac{1}{1+e^{-(\omega^T x+b)}} \tag{5.2}$$

对式（5.2）两边取对数，整理可得：

$$\ln\frac{y}{1-y} = \omega^T x+b \tag{5.3}$$

若将 y 视为样本 x 作为正例的可能性，则 $1-y$ 是其作为反例的可能性，两者的比值

$$\frac{y}{1-y} \tag{5.4}$$

称为"概率"，反映了 x 作为正例的可能性。对概率取对数则得到"对数概率"：

$$\ln\frac{y}{1-y} \tag{5.5}$$

由此可以看出，逻辑回归分析实际上是利用线性回归模型的预测结果逼近真实标记的对数概率。

下面介绍如何确定式（5.2）和式（5.3）中的 w 和 b。若将式（5.3）中的 y 视为类后验概率来估计 $p(y=1|x)$，则式（5.3）可重写为：

$$\ln\frac{p(y=1|x)}{p(y=0|x)} = \omega^T x+b \tag{5.6}$$

显然有：

$$p(y=1|x) = \frac{e^{\omega^T x+b}}{1+e^{\omega^T x+b}} \tag{5.7}$$

$$p(y=0|x) = \frac{1}{1+e^{\omega^T x+b}} \tag{5.8}$$

于是，我们可通过"极大似然估计"来估计 ω 和 b。给定数据集 $\{(x_i,y_i)\}_{i=1}^m$，逻辑回归分析的最大化"对数似然"：

$$\ell(\omega,b) = \sum_{i=1}^m \ln p(y_i|x_i;\omega,b) \tag{5.9}$$

即令每个样本属于其真实标记的概率越大越好。为便于讨论，令 $\beta=(\omega;b)$，$\hat{x}=(x;1)$，则 $\omega^T x+b$ 可简写为 $\beta^T\hat{x}$。再令

$$p_1(\hat{x};\beta) = p(y=1|\hat{x};\beta)$$

$$p_0(\hat{x};\beta) = p(y=0|\hat{x};\beta) = 1-p_1(\hat{x};\beta)$$

则上式中的似然项可重写为：

$$p(y_i|x_i;\omega,b) = y_i p_1(\hat{x}_i;\beta)+(1-y_i)p_0(\hat{x}_i;\beta) \tag{5.10}$$

将式（5.10）代入式（5.9），整理分析可知式（5.9）等价于：

$$\ell(\beta) = \sum_{i=1}^{m}(-y_i\beta^{\mathrm{T}}\hat{x}_i + \ln(1+e^{\beta^{\mathrm{T}}\hat{x}_i})). \tag{5.11}$$

式（5.11）是关于 β 的高阶可导连续凸函数。根据凸优化理论，利用经典的数值优化算法（如梯度下降法、牛顿法等）可得到其最优解，于是就得到：

$$\frac{\partial\ell(\beta)}{\partial\beta} = -\sum_{i=1}^{m}\hat{x}_i(y_i - p_1(\hat{x}_i;\beta)) \tag{5.12}$$

以牛顿法为例，其第 $t+1$ 轮迭代解的更新公式为：

$$\beta^{t+1} = \beta^t - \left(\frac{\partial^2\ell(\beta)}{\partial\beta\partial\beta^{\mathrm{T}}}\right)^{-1}\frac{\partial\ell(\beta)}{\partial\beta} \tag{5.13}$$

其中关于 β 的一阶、二阶导数分别为：

$$\frac{\partial\ell(\beta)}{\partial\beta\partial\beta^{\mathrm{T}}} = -\sum_{i=1}^{m}\hat{x}_i(y_i - p_1(\hat{x}_i,\beta)) \tag{5.14}$$

$$\frac{\partial^2\ell(\beta)}{\partial\beta\partial\beta^{\mathrm{T}}} = \sum_{i=1}^{m}\hat{x}_i\hat{x}_i^{\mathrm{T}}p_1(\hat{x}_i;\beta)(1-p_1(\hat{x}_i;\beta)) \tag{5.15}$$

5.4.2 实现逻辑回归

本节基于 NumPy 库实现逻辑回归分析。首先，导入相应的库文件，其中，Matplotlib 为 Python 2D 绘图模块，NumPy 是数据处理模块。

```
#encoding:utf-8
>>>from numpy import *
>>>import matplotlib.pyplot as plt
>>>loadDataSet(filename)#为读取数据函数，这里的数据只有两个特征
>>>def loadDataSet(filename):
>>>    dataMat = []
>>>    labelMat = []
>>>    fr = open(filename)
>>>    for line in fr.readlines():
>>>        lineArr = line.strip().split()
>>>        dataMat.append([1.0, float(lineArr[0]), float(lineArr[1])])#前面的
1.0,表示方程的常量。比如两个特征 X1、X2，共需要三个参数：W1+W2*X1+W3*X2
>>>        labelMat.append(int(lineArr[2]))
>>>    return dataMat,labelMat
>>>sigmoid(inX)为 sigmod 函数
>>>def sigmoid(inX):
>>>    return 1.0/(1+exp(-inX))
>>>gradAscent(dataMat, labelMat)                    #为梯度上升求最优参数函数
```

```
>>>def gradAscent(dataMat, labelMat):
>>>    dataMatrix=mat(dataMat)                    #将读取的数据转换为矩阵
>>>    classLabels=mat(labelMat).transpose()  #将读取的数据转换为矩阵
>>>    m,n = shape(dataMatrix)
>>>    alpha = 0.001    #设置梯度的阈值，该值越大梯度上升幅度越大
>>>    maxCycles = 500 #设置迭代的次数，一般视实际数据进行设定，有些可能 200 次就够了
>>>    weights = ones((n,1)) #设置初始的参数，并赋默认值 1。注意这里权重以矩阵形式表
示三个参数
>>>    for k in range(maxCycles):
>>>        h = sigmoid(dataMatrix*weights)
>>>        error = (classLabels - h)             #求导后的差值
>>>        weights = weights + alpha * dataMatrix.transpose()* error #迭代更新权重
>>>    return weights
```

>>>stocGradAscent0(dataMat, labelMat)为随机梯度上升函数，当数据量比较大时，每次迭代都选择全量数据进行计算，计算量会非常大。所以采取每次迭代只选择其中一行数据进行权重更新

```
>>>def stocGradAscent0(dataMat, labelMat):
>>>    dataMatrix=mat(dataMat)
>>>    classLabels=labelMat
>>>    m,n=shape(dataMatrix)
>>>    alpha=0.01
>>>    maxCycles = 500
>>>    weights=ones((n,1))
>>>    for k in range(maxCycles):
>>>        for i in range(m): #遍历计算每一行
>>>            h = sigmoid(sum(dataMatrix[i] * weights))
>>>            error = classLabels[i] - h
>>>            weights = weights + alpha * error * dataMatrix[i].transpose()
>>>    return weights
```

>>>stocGradAscent1(dataMat, labelMat)#为改进版随机梯度上升函数，在每次迭代中随机选择样本来更新权重，并且随迭代次数增加，权重变化越小

```
>>>def stocGradAscent1(dataMat, labelMat):
>>>    dataMatrix=mat(dataMat)
>>>    classLabels=labelMat
>>>    m,n=shape(dataMatrix)
>>>    weights=ones((n,1))
>>>    maxCycles=500
>>>    for j in range(maxCycles):        #迭代
>>>        dataIndex=[i for i in range(m)]
>>>        for i in range(m):                  #随机遍历每一行
>>>            alpha=4/(1+j+i)+0.0001  #随迭代次数增加，权重变化越小。
>>>            randIndex=int(random.uniform(0,len(dataIndex)))  #随机抽样
>>>            h=sigmoid(sum(dataMatrix[randIndex]*weights))
>>>            error=classLabels[randIndex]-h
>>>            weights=weights+alpha*error*dataMatrix[randIndex].transpose()
>>>            del(dataIndex[randIndex]) #去除已经抽取的样本
>>>    return weights
>>>plotBestFit(weights)                         #为逻辑回归分类示意图函数
>>>def plotBestFit(weights):
>>>    import matplotlib.pyplot as plt
```

```
>>>    dataMat,labelMat=loadDataSet(filename)
>>>    dataArr = array(dataMat)
>>>    n = shape(dataArr)[0]
>>>    xcord1 = []; ycord1 = []
>>>    xcord2 = []; ycord2 = []
>>>    for i in range(n):
>>>        if int(labelMat[i])== 1:
>>>            xcord1.append(dataArr[i,1])
>>>            ycord1.append(dataArr[i,2])
>>>        else:
>>>            xcord2.append(dataArr[i,1])
>>>            ycord2.append(dataArr[i,2])
>>>    fig = plt.figure()
>>>    ax = fig.add_subplot(111)
>>>    ax.scatter(xcord1, ycord1, s=30, c='red', marker='s')
>>>    ax.scatter(xcord2, ycord2, s=30, c='green')
>>>    x = arange(-3.0, 3.0, 0.1)
>>>    y = (-weights[0]-weights[1]*x)/weights[2]
>>>    ax.plot(x, y)
>>>    plt.xlabel('X1')
>>>    plt.ylabel('X2')
>>>    plt.show()
```

逻辑回归实例化测试所得逻辑回归实例化分类如图 5-6 所示。

```
>>>filename = 'logistic.txt' #文件目录
>>>dataMat, labelMat = loadDataSet(filename)
>>>weights = gradAscent(dataMat, labelMat).getA()
>>>plotBestFit(weights)
```

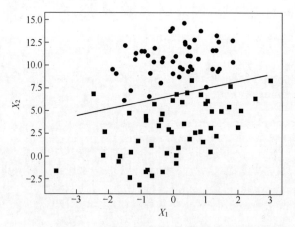

图 5-6　逻辑回归实例化分类示意图

第 6 章
无监督学习

本章首先介绍数据挖掘中无监督学习的基本概念，然后对划分聚类、层次聚类、K-Means 算法、Hierarchical Clustering 算法等进行简单介绍，最后讨论了降维问题。

本章介绍的 K-Means 算法于 2006 年 12 月被国际权威学术组织国际数据挖掘大会（The IEEE International Conference on Data Mining，ICDM）评选为数据挖掘领域十大经典算法。

本章重点内容如下。

（1）无监督学习的概念。

（2）划分聚类。

（3）K-Means 算法。

（4）层次聚类。

（5）Hierarchical Clustering 算法。

（6）降维问题。

6.1 无监督学习问题

6.1.1 无监督学习的概念

在介绍无监督学习问题之前，我们先回顾一下第 3 章介绍过的无监督学习概念。

无监督学习是指不设置所谓的"正确答案"去教会机器如何学习，而是让其自己发现数据中的规律，其训练数据由没有任何类别标记的一组输入向量 x 组成。无监督学习的两个非常重要的研究方向是聚类和降维。

在开始学习聚类和降维算法之前，我们给出聚类分析和降维的定义以及一些案例，方便读者更好地理解聚类和降维分析方法。

6.1.2 聚类分析的基本概念与原理

聚类分析是指将数据对象的集合分成由类似的对象组成的多个组别的过程，也就是将一系列的数据聚集成多个子集或簇（Cluster），其目标是建立类内紧密、类间分散的多个簇。也就是说，聚类的结果要求簇内的数据之间要尽可能相似，而簇间的数据之间则要尽可能不相似。

乍看起来，聚类和分类的区别并不大，毕竟二者都是将数据分到不同的组中。实际上二者存在着本质的差异。分类是监督学习的一种形式（参考第 5 章），其目标是对人类赋予数据的类别差异进行学习或复制。而在以聚类为重要代表的无监督学习中，并没有这样的差异进行引导。

聚类分析是一种重要的数据挖掘技术，已经广泛地应用于多个领域，在检索系统、电子商务、生物工程等很多领域有着广泛的应用。例如，检索系统中文档的自动分类，就是聚类分析的应用。检索系统中文档数据巨大，当使用关键词进行搜索时经常会返回大量符合条件的对象。此时我们可以使用聚类算法对返回的结果进行划分，使结果简洁明了，方便用户阅读。此外，聚类分析也被广泛用于客户群体的划分、微信朋友圈图片的自动归类、动植物分组、基因分组、保险行业分组、客户群特征刻画、图像/视频的压缩等，这些都是实际生活中聚类分析的典型应用。

在机器学习领域，实现聚类分析的方法有很多，在本章中我们重点了解两类聚类分析方法：划分聚类与层次聚类。

6.1.3 降维的基本概念与原理

在真实的训练数据中总是存在各种各样的问题，如噪声或者冗余。在这种情况下，需要一种降维的方法来减少特征数，以减少噪声和冗余，以及过度拟合的可能性。下面举例说明降维的各种情况。

（1）拿到一个汽车的样本，里面既有以"千米/小时"度量的最大速度特征，又有以"英里/小时"度量的最大速度特征，显然这两个特征中有一个多余。

（2）拿到一个数学系的本科生期末考试成绩单，里面有三列，一列是对数学的兴趣程度，一列是复习时间，还有一列是考试成绩。我们知道要学好数学，需要有浓厚的兴趣，所以第二列与第一列强相关，第三列和第二列也是强相关。那是不是可以合并第一列和第二列呢？

（3）拿到一个样本，特征非常多，样例特别少，使用回归去直接拟合将非常困难，容易过度拟合。例如北京的房价：假设房子的特征是大小、位置、朝向、是否学区房、建造年代、是否二手、层数、所在层数，要拟合这么多特征，就会造成过度拟合。

（4）假设在我们建立的文档-词项矩阵中，有两个词项为"learn"和"study"，传统的向量空间模型认为两者独立；而从语义的角度来讲，两者是相似的，而且两者出现的频率也类似，是不是可以将两者合成为一个特征呢？

（5）在信号传输过程中，由于信道不理想，信道另一端收到的信号会存在噪声扰动，那么怎样滤去这些噪声呢？

降维分析是指从高维数据空间到低维数据空间（二维或三维）的变化过程，其目的是为了降低时间复杂度和空间复杂度，或者是去掉数据集中夹杂的噪声，或者是为了使用较少的特征进行解释，方便我们更好地解释数据以及实现数据的可视化。

在深入了解降维分析之前，我们需要知道，实现维度减少有两种技术，即特征选择和特征提取。特征选择指的是选择原始数据集中最具代表性或者最具统计意义的维度特征，而特征提取指的是将原始特征转换为一组具有明显物理意义或者明显统计意义的特征。在这里需要注意的是特征选择的选择过程与特征提取的转换过程存在本质的区别，选择指的是我们会因此丢弃某些维度的数据，而转换指的是保留所有维度的数据。

6.1.4　聚类的框架

聚类问题是最为常见的机器学习问题，其设计框架可视为机器学习问题的基本架构和流程。聚类问题的基本分析流程一般可以分为训练和评测两个阶段。

（1）训练阶段。首先，需要准备训练数据，可以是文本、图像、音频、视频等一种或多种；然后，抽取需要的特征，形成特征数据（也称样本属性，一般用向量表示）；最后，将这些特征数据连同对应的类别标记一起送入聚类学习算法中，训练得到一个无监督学习模型，及其相应的聚类结果。

（2）评测阶段。度量聚类算法并不是简单地统计错误的数量，而是需要通过分析聚类的结果，评测结果的准确度、紧凑度、分离度等指标来评判一个聚类模型的性能。最常见的情况是无类别的情况，即我们不知道数据的类别。对于无类别情况，没有唯一的评价指标，只能通过类内高聚合、类间低耦合的原则作为指导思想。此外，还有另一种情况称为有标别的情况，在有标别的情况下我们会计算外部准则（External Criterion），即计算聚类结果和已有的标准分类结果的吻合程度。

本章将介绍 K-Means 算法、层次聚类算法等，并根据第 3 章介绍的机器学习的基本框架和步骤创建聚类模型，举例说明和实现 K-Means 算法和降维问题。本章将用到许多 Python 程序模块，如 NumPy、SciPy、Scikit-learn、Matplotilib 等。学习本章内容之前请确认计算机已经安装了所需的程序包，并回顾构建一个机器学习框架的基本步骤：①数据的加载；②选择模型；③模型的训练；④模型的预测；⑤模型的评测；⑥模型的保存。

6.2 划分聚类

6.2.1 划分聚类的基本概念

划分聚类是聚类算法中最简单的一种。通过划分方法，我们把输入的数据集对象划分为多个互斥的子集或簇。为了方便描述问题与讲解，我们假设划分簇的个数 n 已经确定，也就是说把数据集划分为 n 个子集或簇。

对于给定的数据集和已经决定的子集个数 n，划分聚类做的就是将数据集中的数据对象分配到 n 个子集中，并且通过设定目标函数来使算法趋向于目标，使得子集中的数据对象尽可能相似，且与其他子集或簇内的数据尽可能相异。也就是说，目标函数的目标是求取同簇内数据的高相似度和异簇内的高相异度。

因此划分聚类算法可以定义如下。

（1）一系列数据 $D = \{d_1, \cdots, d_N\}$。

（2）期望的簇数目 N。

（3）用于评估聚类质量的目标函数（Objective Function），计算一个分配映射 $\gamma : D \rightarrow \{1, \cdots, K\}$，该分配下的目标函数值极小化或者极大化。大部分情况下，我们要求 γ 是一个满射，也就是说，K 个簇中的每一个都不为空。

6.2.2 K-Means 算法

K-Means（K 均值）算法是划分聚类算法中的一种，其中 K 表示子集的数量，Means 表示均值。算法通过预先设定的 K 值及每个子集的初始质心对所有的数据点进行划分，并通过划分后的均值迭代优化获得最优的聚类结果。在详细剖析算法之前，我们通过一个案例来了解算法的运行过程。

如图 6-1 所示，假设有一些没加标签的数据，为了将这些数据分成两个簇，现在执行 K-Means 算法。算法的执行过程如下，首先随机选择两个点，这两个点叫作聚类中心（Cluster Centroids），即图中的两个×，这两个×就是聚类中心。选择两个点的目的是为了聚集出两个类别，K-Means 算法是一个迭代方法，算法每一次要做两件事情，第一件是簇划分，第二件是移动聚类中心。在 K-Means 算法的每次迭代循环中，第一步为簇划分，即遍历所有的数据样本，依据某个划分策略（如距离最近原则）将每个数据点划分到与其最接近的聚类中心的簇中，当所有数据都划分完成后，将执行 K-Means 算法的第二步——移动聚类中心。具体的操作方法如下，将两个聚类中心移动到其簇的所有数据的质心处，即找出同簇的数据点，计算它们的质心，然后将聚类中心移动到质心，完成这个步骤后意味着聚类中心的位置发生了改变，以及此次迭代循环的结束。算法会周而复始地进行迭代，直到前后迭代过程中聚类中心不再发生改变。

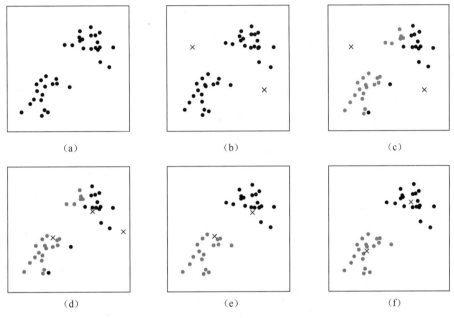

图 6-1　K-Means 算法运行过程

K-Means 算法的伪代码如下：

① 从 D 中任意选择 K 个对象作为初始簇的中心；

② 重复过程③④；

③ 根据数据到聚类中心的距离，对每个对象进行分配；

④ 更新聚类中心位置，即计算每个簇中所有对象的质心，将聚类中心移动到质心位置；

⑤ 直到聚类中心不再发生变化。

K-Means 算法看似简单，但在实现的时候却不能忽略以下几个关键问题。

（1）K 值的选择。K 值是聚类结果中子集的数量。简单地说，就是我们希望划分的簇的数量。K 值为几，就有几个质心。但是选择不同的 K 值，对输出结果是有不同影响的，如图 6-2 所示。依据聚类划分的准则，图 6-2 的原始数据看上去应当划分为 2 个簇较适合，但是我们往往无法在 K 均值算法运行前确定 K 值，图 6-2 所示的是当 K 分别为 2、4、6 时的输出结果，可以看到当 K 值为 4 时，效果并不是很理想，这也是该算法存在的问题。

选择最优 K 值没有固定的公式或方法，需要人工来指定，建议根据实际的业务需求或通过层次聚类（Hierarchical Clustering）的方法获得数据的类别数量作为选择 K 值的参考。这里需要注意的是，选择较大的 K 值可以降低数据的误差，但会增加过拟合的风险。

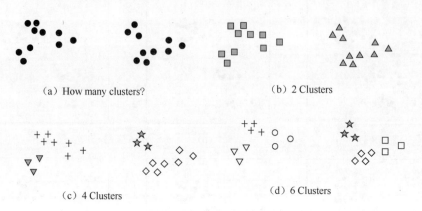

(a) How many clusters?　　　　　(b) 2 Clusters

(c) 4 Clusters　　　　　(d) 6 Clusters

图 6-2　K 值对算法的影响

（2）初始质心（代表点）的选择方法。选择不同的初始质心对最后的结果是会产生影响的，我们可以通过一个例子来说明，如图 6-3 所示。

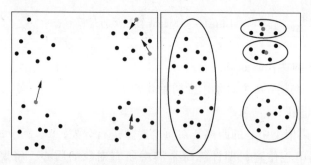

图 6-3　初始质心对 K-Means 算法的影响

在随机获取初始质心的情况下，算法最终收敛了，也就是说结果符合算法的结束条件，但是我们发现这个聚类结果并不是一个最优的输出结果。

可见初始化质心对数据的结果输出是有影响的，那么该如何选择合适的初始质心呢？可以参考以下的准则。

① 凭经验选择代表点。根据问题的性质，用经验的办法确定类别数，从数据中找出从直观上看来较合适的代表点。

② 将全部数据随机地分为 K 类，计算各类的重心，将这些重心作为每类的代表点。

③ "密度"法选择代表点。这里的 "密度" 是指具有统计性质的样本密度。一种求法是对每个样本确定大小相等的邻域（如同样半径的超球体），统计落在其邻域的样本数，称为该点的 "密度"。在得到样本 "密度" 后，选 "密度" 最大的样本点作为第一个代表点，然后人为规定在距该代表点多远距离外的区域内寻找次高 "密度" 的样本点作为第二个代表点，依次选择其他代表点。使用这种方法的目的是避免代表点过分集中在一起。

④ 从 $K-1$ 个子集的聚类划分问题的解中产生 K 子集聚类划分问题的代表点。其具体做法是先从 1 个子集聚类的解中寻找 2 个子集聚类划分的代表点，再依次增加一个聚类代表点。将样本集首先看作一个聚类，计算其均值，然后寻找与该均值相距最远的点，由该点及原均值点构成两个聚类的代表点。依此类推，对已有 $K-1$ 个聚类代表点寻找一个样本点，使该样本点距所有这些均值点的最小距离为最大，这样就得到了第 K 个代表点。

（3）确定初始划分的方法。

① 对选定的代表点按距离最近的原则将样本划归各代表点代表的类别。

② 在选择样本的点集后，将样本按顺序划归距离最近的代表点所属类，并立即修改代表点参数，用样本归入后的重心代替原代表点，因此代表点在初始划分过程中作了修改。

③ 一种既选择了代表点又同时确定了初始划分的方法。规定一个正整数 ε，选择 $w_1 = \{y_1\}$，计算样本 y_2 与 y_1 之间的距离 $\delta(y_1, y_2)$，如果小于 ε，则将 y_2 归入 w_1，否则建立新类 $w_2 = \{y_2\}$。当轮到 y_l 归入时，假设当时已形成 k 个类 $\{w_1, w_2, \cdots, w_k\}$，而每个类第一个归入的样本记作 $\{y_1^l, y_2^l, \cdots, y_k^l\}$，若 $\delta(y_1, y_i^l) > \varepsilon, i = 1, 2, \cdots, k$，则将 y_l 建立为新的第 $k+1$ 类，即 $w_{k+1} = \{y_l\}$，否则将 y_l 归入与 $\{y_1^l, y_2^l, \cdots, y_k^l\}$ 距离最近的一类。

④ 先将数据标准化，y_{ij} 表示标准化后的第 i 个样本的第 j 个坐标。令：

$$\text{SUM}(i) = \sum_{j=1}^{d} y_{ij};$$

$$MA = \max_i \text{SUM}(i);$$

$$MI = \min_i \text{SUM}(i)$$

假设与这个计算值最接近的整数为 k，则将 y_i 归入第 k 类。

6.2.3　实现 K-Means 算法

上一节介绍了 K-Means 算法的基本理论，下面使用 Sklearn 模块实现该算法，在 Sklearn 模块中 K-Means 算法的调用接口函数为 KMeans。

（1）导入相关模块。

```
>>>import numpy as np
>>>import matplotlib.pyplot as plt
>>>from sklearn.cluster import KMeans
>>>from sklearn.datasets import make_blobs
>>>plt.figure(figsize=(12, 12))
```

（2）使用 make_blobs 函数生成随机聚类数据。

```
>>>n_samples = 1500
>>>random_state = 170
>>>X, y = make_blobs(n_samples=n_samples, random_state=random_state)
```

（3）通过 KMeans 函数创建实例，查看错误的簇数对 K-Means 聚类算法结果的影响。

```
>>>y_pred = KMeans(n_clusters=2, random_state=random_state).fit_predict(X)
>>>plt.subplot(221)
>>>plt.scatter(X[:, 0], X[:, 1], c=y_pred)
>>>plt.title("Incorrect Number of Blobs")
```

（4）查看分布式数据对 K-Means 聚类算法的影响。

```
>>>transformation = [[0.60834549, -0.63667341], [-0.40887718, 0.85253229]]
>>>X_aniso = np.dot(X, transformation)
>>>y_pred = KMeans(n_clusters=3, random_state=random_state).fit_predict(X_aniso)
>>>plt.subplot(222)
>>>plt.scatter(X_aniso[:, 0], X_aniso[:, 1], c=y_pred)
>>>plt.title("Anisotropicly Distributed Blobs")
```

（5）查看不同的方差对 K-Means 聚类算法的影响。

```
>>>X_varied, y_varied = make_blobs(n_samples=n_samples,
    cluster_std=[1.0, 2.5, 0.5],
    random_state=random_state)
>>>y_pred = KMeans(n_clusters=3, random_state=random_state).fit_predict(X_varied)
>>>plt.subplot(223)
>>>plt.scatter(X_varied[:, 0], X_varied[:, 1], c=y_pred)
>>>plt.title("Unequal Variance")
```

（6）查看不同大小的数据对 K-Means 聚类算法的影响。

```
>>>X_filtered = np.vstack((X[y == 0][:500], X[y == 1][:100], X[y == 2][:10]))
>>>y_pred = KMeans(n_clusters=3,
```

```
      random_state=random_state).fit_predict(X_filtered)
>>>plt.subplot(224)
>>>plt.scatter(X_filtered[:, 0], X_filtered[:, 1], c=y_pred)
>>>plt.title("Unevenly Sized Blobs")
>>>plt.show()
```

现在已经实现了 K-Means 聚类算法，那么在具体实践中，K-Means 聚类能实现什么功能呢？下面我们来看 K-Means 聚类如何实现图片的压缩。

（1）加载所需模块。

```
>>>import numpy as np
>>>from scipy import misc
>>>from sklearn import cluster
>>>import matplotlib.pyplot as plt
```

（2）compress_image()函数用于实现图片压缩功能，其将每个像素作为一个元素进行聚类，以此减少颜色个数。

```
>>>def compress_image(img, num_clusters):
>>>X = img.reshape((-1, 1))
>>>#创建 KMeans 聚类模型并训练
>>>kmeans = cluster.KMeans(n_clusters=num_clusters, n_iniat=4, random_state=5)
>>>kmeans.fit(X)
    #分别获取每个数据聚类后的 label，以及每个 label 的质心
>>>labels = kmeans.labels_
>>>centroids = kmeans.cluster_centers_.squeeze()
    #使用质心的数值代替原数据的 label 值，我们将获得一个新的图像，而使用 NumPy 的 choose
函数进行质心值的代替，使用 reshape 函数恢复原图片的数据结构，并返回结果
>>>input_image_compressed = np.choose(labels, centroids).reshape(img.shape)
>>>return input_image_compressed
```

（3）打印图片。

```
#plot_image 函数用于打印图片
>>>def plot_image(img, title):
>>>vmin = img.min()
>>>vmax = img.max()
>>>plt.figure()
>>>plt.title(title)
>>>plt.imshow(img, cmap=plt.cm.gray, vmin=vmin, vmax=vmax)
#读入图片，设置压缩率，实现压缩
>>>if __name__=='__main__':
```

```
#设置图片的路径和压缩比例
>>>input_file = "flower.jpg"
>>>num_bits = 2
>>>if not 1 <= num_bits <= 8:
>>>raise TypeError('Number of bits should be between 1 and 8')
>>>num_clusters = np.power(2, num_bits)
#输出压缩的比例
>>>compression_rate = round(100 * (8.0 - num_bits) / 8.0, 2)
>>>print ("\nThe size of the image will be reduced by a factor of", 8.0/num_bits)
>>>print ("\nCompression rate = " + str(compression_rate) + "%")
#加载需要压缩的图片
>>>input_image = misc.imread(input_file, True).astype(np.uint8)
#原始图像的输出
>>>plot_image(input_image, 'Original image')
#压缩后的图像输出
>>>input_image_compressed = compress_image(input_image, num_clusters)
>>>plot_image(input_image_compressed, 'Compressed image; compression rate = '
        + str(compression_rate) + '%')
>>>plt.show()
```

6.3　层次聚类

6.3.1　层次聚类算法

　　层次聚类是指对于给定的数据集对象，通过层次聚类算法获得一个具有层次结构的数据集合的过程。依据层次结构生成的不同过程，层次聚类可以分为凝聚层次聚类和分裂层次聚类。凝聚（Agglomerate）层次聚类是自底向上进行的一个过程，算法一开始将每个数据都看成一个子集，然后不断地对子集进行两两合并（或称凝聚），直到所有数据都聚成一个子集或者满足设定的终止条件。而分裂层次聚类的过程刚好相反，它是自顶向下进行的一个过程，算法一开始将所有数据都看成一个子集，然后不断地对子集进行分裂，直到所有数据都在单独的子集中或者满足设定的终止条件。

　　本节主要介绍凝聚层次聚类。凝聚层次聚类是一种自底向上的聚类方法，所谓自底向上的方法是指每次找到距离最短的两个簇，然后合并成一个大的簇，直到全部合并为一个簇，而最常用的距离计算公式为欧氏距离计算公式。整个过程就是建立一个树结构，如图 6-4 所示，在该例中，算法开始时将每个数据视为一个簇，此时簇集合为{{p1}, {p2}, {p3}，{p4}}，紧接着算法找到距离最短的两个簇{p2}和{p3}进行合并，合并完成后的簇集合为{{p1}，{p2, p3}，{p4}}，然后算法再次从簇集合中寻找距离最短的两个簇合并，此时距离最短的两个簇为{p2, p3}和{p4}，这次合并后的簇集合为{{p1}，{p2, p3, p4}}，最后算法将这两个簇合并后停止。

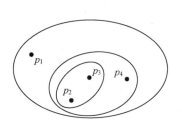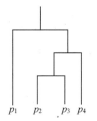

图 6-4　凝聚层次聚类

那么，当我们采用欧氏距离计算公式时，该如何判断两个簇之间的距离呢？一开始每个数据点独自作为一个类，它们的距离就是两个点之间的距离。而对于包含不止一个数据点的簇，即为计算两个组合数据点间距离问题，常用的方法有三种，分别为单链接（Single Linkage）、全链接（Complete Linkage）和组平均（Average Linkage）。在开始计算距离之前，先介绍这三种方法以及各自的优缺点。

（1）单链接的计算方法是将两个组合数据点中距离最近的两个数据点间的距离作为这两个组合数据点的距离，如图 6-5 所示。但这种方法容易受到极端值的影响。两个很相似的组合数据点可能由于其中的某个极端的数据点距离较近而组合在一起。

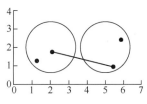

图 6-5　单链接层次聚类

（2）全链接的计算方法与单链接相反，是将两个组合数据点中距离最远的两个数据点间的距离作为这两个组合数据点的距离，如图 6-6 所示。全链接存在的问题也与单链接相反，两个不相似的组合数据点可能由于其中的极端值距离较远而无法组合在一起。

（3）组平均的计算方法是计算两个组合数据点中的每个数据点与其他所有数据点的距离，然后将所有距离的均值作为两个组合数据点间的距离，如图 6-7 所示。这种方法计算量比较大，但较前两种方法合理。

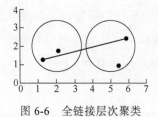
图 6-6　全链接层次聚类

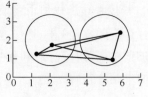
图 6-7　组平均层次聚类

6.3.2　实现层次聚类算法

上一节介绍了层次聚类算法的基本理论，下面使用 Sklearn 模块实现该算法，在 Sklearn 模块中实现层次聚类的接口函数是 AgglomerativeClustering。

（1）加载相关模块。

```
import numpy as np
import matplotlib.pyplot as plt
from sklearn.cluster import AgglomerativeClustering
from sklearn.neighbors import kneighbors_graph
```

（2）生成噪声数据。

```
def add_noise(x, y, amplitude):
    X = np.concatenate(((x, y)))
    X += amplitude * np.random.randn(2, X.shape[1])
    return X.T

def get_spiral(t, noise_amplitude=0.5):
    r = t
    x = r * np.cos(t)
    y = r * np.sin(t)
    return add_noise(x, y, noise_amplitude)

def get_rose(t, noise_amplitude=0.02):
    # Equation for "rose" (or rhodonea curve); if k is odd, then
    # the curve will have k petals, else it will have 2k petals
    k = 5
    r = np.cos(k*t) + 0.25
    x = r * np.cos(t)
    y = r * np.sin(t)
    return add_noise(x, y, noise_amplitude)

def get_hypotrochoid(t, noise_amplitude=0):
    a, b, h = 10.0, 2.0, 4.0
    x = (a - b) * np.cos(t) + h * np.cos((a - b) / b * t)
    y = (a - b) * np.sin(t) - h * np.sin((a - b) / b * t)
    return add_noise(x, y, 0)
```

（3）使用 AgglomerativeClustering 函数实例化层次聚类模型。

```
def perform_clustering(X, connectivity, title, num_clusters=3, linkage='ward'):
    plt.figure()
    model = AgglomerativeClustering(linkage=linkage,
        connectivity=connectivity, n_clusters=num_clusters)
    model.fit(X)
```

（4）训练模型并查看聚类的结果。

```
# 提取标签
labels = model.labels_
# 标识每个簇的形状
markers = '.vx'
for i, marker in zip(range(num_clusters), markers):
    # plot the points belong to the current cluster
    plt.scatter(X[labels==i, 0], X[labels==i, 1], s=50,
        marker=marker, color='k', facecolors='none')
plt.title(title)

if __name__=='__main__':
# 生成样本数据
n_samples = 500
np.random.seed(2)
t = 2.5 * np.pi * (1 + 2 * np.random.rand(1, n_samples))
X = get_spiral(t)
# 连通性判断
connectivity = None
perform_clustering(X, connectivity, 'No connectivity')
# 成图
connectivity = kneighbors_graph(X, 10, include_self=False)
perform_clustering(X, connectivity, 'K-Neighbors connectivity')
plt.show()
```

6.4　聚类效果评测

　　我们已经介绍了两种不同的聚类算法，但是还没有评测算法的聚类效果。在监督学习中，我们可以通过预测结果和"正确答案"（即原始结果）的比较来评测模型的好坏；但是在无监督学习中，没有一个所谓的"正确答案"，因此我们需要另一种评测聚类效果的方式。

　　聚类的目的是为了获取同一子集中的数据对象尽可能地相似，且与其他子集或簇内的数据尽可能地相异。由此作为一个启发，评测聚类结果好坏的一种方式是观察集群分离的离散程度。集群分离的离散程度的计算方式称为轮廓系数，其计算公式为：

$$轮廓系数=(x-y)/\max(x, y)$$

其中，x 表示在同一个集群中某个数据点与其他数据点的平均距离，y 表示某个数据点与最近的另一个集群的所有数据点的平均距离。

介绍了轮廓系数的基本理论，下面使用 Sklearn 模型实现该算法。

（1）加载相关模型和实验数据。

```
import numpy as np
import matplotlib.pyplot as plt
from sklearn import metrics
from sklearn.cluster import KMeans
from sklearn import datasets
# 使用 iris 数据集
iris = datasets.load_iris()
data = iris.data
scores = []
range_values = np.arange(2, 10)
```

（2）实例化聚类模型并进行训练，使用轮廓系数作为指标评测该模型。

```
for i in range_values:
    # 训练模型
    kmeans = KMeans(init='k-means++', n_clusters=i, n_init=10)
    kmeans.fit(data)
    score = metrics.silhouette_score(data, kmeans.labels_,
        metric='euclidean', sample_size=len(data))
    print ("\nNumber of clusters =", i)
    print ("Silhouette score =", score)
    scores.append(score)
```

（3）将结果画出。

```
# 画出分数曲线
plt.figure()
plt.bar(range_values, scores, width=0.6, color='k', align='center')
plt.title('Silhouette score vs number of clusters')
# 画出数据
plt.figure()
plt.scatter(data[:,0], data[:,1], color='k', s=30, marker='o', facecolors='none')
x_min, x_max = min(data[:, 0]) - 1, max(data[:, 0]) + 1
y_min, y_max = min(data[:, 1]) - 1, max(data[:, 1]) + 1
plt.title('Input data')
plt.xlim(x_min, x_max)
plt.ylim(y_min, y_max)
plt.xticks(())
plt.yticks(())
plt.show()
```

6.5　降维

6.5.1　降维算法

降维是指减少原数据的维度。回忆一下我们比较熟悉的鸢尾花数据，在这个数据集中，数据包含了四个维度。四个维度确实不多，但是现实中我们拿到的数据可能有成千上万的维度，这些维度里所有的数据都应该计算吗？如果都计算，那么消耗的时间将是非常巨大的。因此引入了降维的算法，常用的降维算法有以下几种。

（1）主成分分析（Principal Component Analysis，PCA）。在 PCA 中，数据从原来的坐标系转换到新的坐标系，新坐标系的选择是由数据本身决定的。第一个新坐标轴选择的是原始数据中方差最大的方向，第二个新坐标轴选择和第一个新坐标轴正交且具有最大方差的方向。该过程一直重复，重复次数为原始数据中特征的数目。我们会发现，大部分方差都包含在最前面的几个新坐标轴中。因此，我们可以忽略余下的坐标轴，即对数据进行降维处理。

（2）因子分析（Factor Analysis，FA）。在 FA 中，我们假设在观察数据的生成中有一些观测不到的隐变量（latent variable）。假设观察数据是这些隐变量和某些噪声数据的线性组合，那么隐变量的数据可能比观察数据的数目少，也就是说通过找到隐变量就可以实现数据降维。

（3）独立成分分析（Independent Component Analysis，ICA）。ICA 假设数据是从 N 个数据源生成的，与因子分析有些类似。ICA 假设数据为多个数据源的混合观察结果，这些数据源在统计上是相互独立的，而在 PCA 中只假设数据是不相关的。同因子分析一样，如果数据源的数目少于观察数据的数目，则可实现降维。

6.5.2　实现降维

前面介绍了降维算法的基本理论，下面使用 Sklearn 模型实现该算法。

（1）使用 PCA 算法实现降维过程。

```
import numpy as np
from sklearn import datasets
iris = datasets.load_iris()
data=iris.data
.from sklearn.decomposition import PCA
pca=PCA(n_components=2)
newData=pca.fit_transform(data)
print(newData)
```

（2）PCA 对象非常有用，但对大型数据集有一定的限制。最大的限制是 PCA 仅支持批处理，这意味着所有要处理的数据必须适合主内存。IncrementalPCA 对象使用不同的处理形式使 PCA 允许部分计算。

```python
import numpy as np
import matplotlib.pyplot as plt
from sklearn.datasets import load_iris
from sklearn.decomposition import PCA, IncrementalPCA
iris = load_iris()
X = iris.data
y = iris.target
n_components = 2
ipca = IncrementalPCA(n_components=n_components, batch_size=10)
X_ipca = ipca.fit_transform(X)
pca = PCA(n_components=n_components)
X_pca = pca.fit_transform(X)
colors = ['navy', 'turquoise', 'darkorange']
for X_transformed, title in [(X_ipca, "Incremental PCA"), (X_pca, "PCA")]:
    plt.figure(figsize=(8, 8))
    for color, i, target_name in zip(colors, [0, 1, 2], iris.target_names):
        plt.scatter(X_transformed[y == i, 0], X_transformed[y == i, 1],
            color=color, lw=2, label=target_name)
    if "Incremental" in title:
        err = np.abs(np.abs(X_pca) - np.abs(X_ipca)).mean()
        plt.title(title + " of iris dataset\nMean absolute unsigned error "
            "%.6f" % err)
    else:
        plt.title(title + " of iris dataset")
    plt.legend(loc="best", shadow=False, scatterpoints=1)
    plt.axis([-4, 4, -1.5, 1.5])
plt.show()
```

（3）使用 FA 算法实现降维。

```python
from sklearn.decomposition import FactorAnalysis
fa=FactorAnalysis(n_components=2)
newData1=fa.fit_transform(data)
print(newData1)
```

（4）使用 LCA 算法实现降维。

```python
import numpy as np
import matplotlib.pyplot as plt
from mpl_toolkits.mplot3d import Axes3D
from sklearn.datasets.samples_generator import make_blobs
# X 为样本特征，Y 为样本簇类别，共 1000 个样本，每个样本 3 个特征，共 4 个簇
X, y = make_blobs(n_samples=10000, n_features=3, centers=[[3,3, 3], [0,0,0],
[1,1,1], [2,2,2]], cluster_std=[0.2, 0.1, 0.2, 0.2], random_state =9)
```

```
fig = plt.figure()
ax = Axes3D(fig, rect=[0, 0, 1, 1], elev=30, azim=20)
plt.scatter(X[:, 0], X[:, 1], X[:, 2],marker='.')
from sklearn.decomposition import FastICA
lca = FastICA(n_components=2)
lca.fit(X)
X_new = lca.transform(X)
print(len(X_new[:, 0]),len( X_new[:, 1]))
ax1 = fig.add_subplot(111)
plt.scatter(X_new[:, 0], X_new[:, 1],marker='.')
plt.show()
```

第7章
关联规则和协同过滤

本章首先介绍关联规则的基本概念，然后介绍现实生活中如何通过关联规则挖掘出数据背后的有用信息。之后，还将介绍两种典型的关联规则算法——Apriori 算法及协同过滤算法。Apriori 算法具有广泛的使用性及代表性，协同过滤算法的高效计算使其更具实用价值。最后介绍了如何使用关联规则推荐电影。

本章重点内容如下。

（1）关联规则的概念。

（2）Apriori 算法。

（3）协同过滤。

（4）基于协同过滤算法的电影推荐。

7.1　关联规则

7.1.1　关联规则的概念

在描述关联规则的一些细节之前，先来思考这样一个场景：假设你是某地的一名销售经理，你正在与一位刚从商店里买了一台 PC 和一台数码相机的顾客交谈。你应该推荐什么产品才会使他感兴趣？通常，遵循"已有的多数客户在购买 PC 和数码相机后，还经常购买哪些产品"这样的一个规律进行推荐，将非常有帮助。关联规则算法可以帮助我们在大量历史销售数据中发现"已有的多数客户在购买 PC 和数码相机后，还经常购买哪些产品"这样的一个规律。关联规则最初是针对购物篮分析（Market Basket Analysis）问题提出的。假设商店经理需要了解顾客的购物习惯，以及知道顾客在一次购物的同时还会购买哪些商品，这时就需要对顾客的零售物品进行购物篮分析。关联规则就是通过发现顾客放入"购物篮"中的商品之间的关联，分析顾客的购物习惯，物品间的某种联系被称为关联。这种关联的发现可以帮助零售商了解哪些商品频繁地被顾客同时购买，从而帮助其制定更好的营销策略。

关联规则（Association Rules，又称 Basket Analysis）是形如 $X{\to}Y$ 的蕴涵式。其中，X 和 Y 分别被称为关联规则的先导（Antecedent 或 Left-Hand-Side，LHS）和后继（Consequent 或 Right-Hand-Side，RHS）。在这里，关联规则利用其支持度和置信度从大量数据中挖掘出有价值的数据项之间的相关关系。关联规则解决的常见问题有"如果一个消费者购买了产品 A，那么他有多大机会购买产品 B"，以及"如果他购买了产品 C 和 D，那么他还将购买什么产品"等。

关联规则的定义：假设 $I = \{I_1, I_2, I_m\}$ 是项的集合，包含 k 个项的项集称为 k 项集（k-itemset）。给定一个交易数据库 D，其中每个事务（Transaction）T 是 I 的非空子集，即每一个交易都与一个唯一的标识符 TID（Transaction ID）对应。关联规则在 D 中的支持度（Support）是 D 中事务同时包含 X、Y 的百分比，即概率；置信度（Confidence）是 D 中事务已经包含 X 的情况下，包含 Y 的百分比，即条件概率。如果满足最小支持度阈值和最小置信度阈值，则认为关联规则是有效的。这些阈值可根据挖掘需要人为设定。

下面用一个简单的例子进行说明。表 7-1 是顾客购买记录的数据库 D，包含 6 个事务，即 D=6。项集 I={牛奶,面包,尿布,啤酒,鸡蛋,可乐}。考虑关联规则（频繁二项集）：事务 1、3、4、5 包含牛奶，事务 1、4、5 同时包含牛奶和面包，那么说明牛奶和面包包含 3 个事务，即 $X{\cap}Y$=3，支持度$(X{\cap}Y)/D$=0.5；4 个事务是包含牛奶的，即 X=5，因而置信度$(X{\cap}Y)/X$=0.6。若给定最小支持度 α 为 0.5，最小置信度 β 为 0.6，则认为购买牛奶和购买面包之间存在关联。

表 7-1   顾客购买记录

TID	牛奶	面包	尿布	啤酒	鸡蛋	可乐
1	1	1	0	0	0	0
2	0	1	1	1	1	0
3	1	0	1	1	0	1
4	1	1	1	1	0	0
5	1	1	1	0	0	1

7.1.2 关联规则的挖掘过程

关联规则的挖掘过程主要包含两个阶段：第一阶段从资料集合中找出所有的高频项目组（Frequent Itemsets），第二阶段由这些高频项目组中产生关联规则（Association Rules）。

关联规则挖掘的第一阶段：高频的含义是指某一项目组出现的频率相对于所有记录而言，必须达到某一水平。一个项目组出现的频率称为支持度（Support），以一个包含

A 与 B 两个项目的 2-itemset 为例，我们可以经由公式求得包含{A,B}项目组的支持度，若支持度大于等于所设定的最小支持度（Minimum Support）的门槛值，则{A,B}称为高频项目组。一个满足最小支持度的 *k*-itemset，称为高频 *k*-项目组（Frequent *k*-itemset），一般表示为 Frequent *k*。算法从 Frequent *k* 的项目组中再产生 Frequent *k*+1，直到无法再找到更长的高频项目组为止。

关联规则挖掘的第二阶段：从高频项目组产生关联规则，是利用前一步骤的高频 *k*-项目组来产生规则，在最小置信度（Minimum Confidence）的条件门槛下，若一规则所求得的置信度满足最小置信度，称此规则为关联规则。例如，经由高频 *k*-项目组{A,B}所产生的规则 AB，其置信度可经由公式求得，若置信度大于等于最小置信度，则称 AB 为关联规则。

7.2　Apriori 算法

7.2.1　Apriori 算法的概念

Apriori 算法是经典的挖掘频繁项集和关联规则的数据挖掘算法。Apriori 在拉丁语中指"来自以前"。当定义问题时，我们通常会使用先验知识或者假设，这被称作"一个先验（a priori）"。Apriori 算法的名字正是基于这样的事实：算法使用频繁项集性质的先验性质，即频繁项集的所有非空子集也一定是频繁的。Apriori 算法使用一种被称为逐层搜索的迭代方法，其中 *k* 项集用于探索 *k*+1 项集。首先，通过扫描数据库，累计每个项的计数，并收集满足最小支持度的项，找出频繁 1 项集的集合，将该集合记为 L_1。然后使用 L_1 找出频繁 2 项集的集合 L_2，使用 L_2 找出 L_3，如此下去，直到不能再找到频繁 *k* 项集。每找出一个 L_k，需要完整扫描一次数据库。Apriori 算法可使用频繁项集的先验性质来压缩搜索空间。

Apriori 算法看似很完美，却有以下一些难以克服的缺点。

（1）对数据库的扫描次数过多。

（2）会产生大量的中间项集。

（3）采用唯一支持度。

（4）算法的适应面窄。

7.2.2　Apriori 算法的实现原理

阿格拉沃尔（R.Agrawal）和斯里坎特（R. Srikant）于 1994 年在文献中提出了 Apriori 算法，该算法的描述如图 7-1 所示。

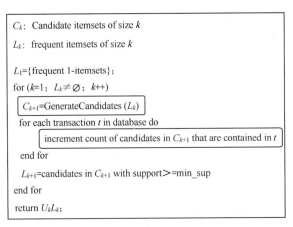

C_k: Candidate itemsets of size k

L_k: frequent itemsets of size k

L_1={frequent 1-itemsets};

for (k=1；$L_k \neq \varnothing$；k++)

C_{k+1}=GenerateCandidates (L_k)

for each transaction t in database do

increment count of candidates in C_{k+1} that are contained in t

end for

L_{k+1}=candidates in C_{k+1} with support>=min_sup

end for

return $U_k L_k$;

图 7-1 Apriori 算法描述

下面通过图 7-2 所示的例子进行解析。最开始数据库里有 4 条交易，分别是{A, C, D}、{B, C, E}、{A, B, C, E}、{B, E}，使用 sup 表示其支持度，min_support 表示支持度阈值，频繁 k 项集的集合为 L_k，即集合为 L_k 中的项的支持度大于或等于 min_support 支持度阈值，而 C_k 表示候选频繁 k 项集，在初始运行 Apriori 算法时，算法从 1 项集开始寻找出所有 1 项集的集合{{A}, {B}, {C}, {D}, {E}}，记为 C_1，接着在 C_1 中收集满足最小支持度 min_support=2 的频繁项，找出的频繁 1 项集的集合为{{A}, {B}, {C}, {E}}，该集合记为 L_1。然后使用频繁 1 项集 L_1 依据某个策略找出候选频繁 2 项集的集合 C_2，再使用 C_2 找出 L_2，依次类推，直到不能再找到频繁 k 项集，最后我们筛选出来的频繁集为{B, C, E}。

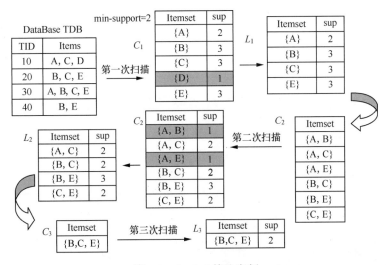

图 7-2 Apriori 算法案例

在上述例子中，最值得我们思考的是如何从频繁 k 项集 L_k 探索到候选频繁 $k+1$ 项集 C_{k+1}，这其实就是图 7-1 算法描述中第一个所标注的地方——$C_{k+1} = \text{GenerateCandidates}(L_k)$。在 Apriori 算法中，$L_k$ 到 C_{k+1} 所使用的转换策略如图 7-3 所示。

- Assume the items in L_k are listed in an orde(e.g.，alphabetical)
- Step1：self-joining L_k (IN SQL)

  insert into C_{k+1}

  select p.item$_1$，p.item$_2$，$\cdots$，p.item$_k$，q.item$_k$

  from L_kp，L_kq

  where p.item$_1$=q.item$_1$，$\cdots$，p.item$_{k-1}$=q.item$_{k-1}$，p.item$_k$ < q.item$_k$
- Step2：pruning

  for all itemsets c in C_{k+1} do

  　　for all k-subsets s of c do

  　　　　if (s is not in L_k) then delete c from C_{k+1}

图 7-3　Apriori 算法生成策略

该生成策略由两部分组成：第一部分是 self-joining 既自链接算法部分。例如，假设我们有一个频繁 3 项集 L_3={abc, abd, acd, ace, bcd}（注意这已经是排好序的）。任意选择两个 itemsets，它们满足如下条件：前 $k-1$ 个 item 都相同，但最后一个 item 不同，把它们组成一个新候选频繁 $k+1$ 项集 C_{k+1}。如图 7-4 所示，{abc}和{abd}组成{abcd}，{acd}和{ace}组成{acde}。第二部分是 pruning。对一个位于 C_{k+1} 中的项集 c，s 是 c 大小为 k 的子集，如果 s 不存在于 L_k 中，则将 c 从 C_{k+1} 中删除。如图 7-4 所示，因为{acde}的子集{cde}并不存在于 L_3 中，所以我们将{acde}从 C_4 中删除。最后得到的 C_4 仅包含一个项集{abcd}。

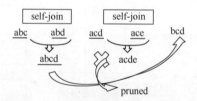

图 7-4　Apriori 算法生成策略举例

7.2.3　Apriori 算法的实现

本节我们将实现 Apriori 算法。

（1）为了方便，可手动生成样本数据集 data_set，该数据集包含事务列表，每个事务包含若干项。

```
#导入数据集模块
def load_data_set():
    """
```

```
        A data set: A list of transactions. Each transaction contains several items.
    """
    data_set = [['l1', 'l2', 'l5'], ['l2', 'l4'], ['l2', 'l3'],
                ['l1', 'l2', 'l4'], ['l1', 'l3'], ['l2', 'l3'],
                ['l1', 'l3'], ['l1', 'l2', 'l3', 'l5'], ['l1', 'l2', 'l3']]
    return data_set
```

（2）生成候选频繁项集 C_1。

```
def create_C1(data_set):
    """
    Create frequent candidate 1-itemset C1 by scaning data set.
    Args:
        data_set: A list of transactions. Each transaction contains several items.
    Returns:
        C1: A set which contains all frequent candidate 1-itemsets
    """
    C1 = set()
    for t in data_set:
        for item in t:
            item_set = frozenset([item])
            C1.add(item_set)
    return C1
```

（3）判断候选频繁 k 项集是否满足 Apriori 算法，返回值为布尔类型。

```
def is_apriori(Ck_item, Lksub1):
    """
    Judge whether a frequent candidate k-itemset satisfy Apriori property.
    Args:
        Ck_item: a frequent candidate k-itemset in Ck which contains all frequent
                 candidate k-itemsets.
        Lksub1: Lk-1, a set which contains all frequent candidate (k-1)-itemsets.
    Returns:
        True: satisfying Apriori property.
        False: Not satisfying Apriori property.
    """
    for item in Ck_item:
        sub_Ck = Ck_item - frozenset([item])
        if sub_Ck not in Lksub1:
            return False
    return True
```

（4）通过在 L_{k-1} 中执行 self-joining 策略创建一个包含所有频繁候选 k 项集的集合 C_k。

```
def create_Ck(Lksub1, k):
    """
    Create Ck, a set which contains all all frequent candidate k-itemsets
    by Lk-1's own connection operation.
```

```
    Args:
        Lksub1: Lk-1, a set which contains all frequent candidate (k-1)-itemsets.
        k: the item number of a frequent itemset.
    Return:
        Ck: a set which contains all all frequent candidate k-itemsets.
    """
    Ck = set()
    len_Lksub1 = len(Lksub1)
    list_Lksub1 = list(Lksub1)
    for i in range(len_Lksub1):
        for j in range(1, len_Lksub1):
            l1 = list(list_Lksub1[i])
            l2 = list(list_Lksub1[j])
            l1.sort()
            l2.sort()
            if l1[0:k-2] == l2[0:k-2]:
                Ck_item = list_Lksub1[i] | list_Lksub1[j]
                # pruning
                if is_apriori(Ck_item, Lksub1):
                    Ck.add(Ck_item)
    return Ck
```

（5）通过在 C_k 执行 pruning 策略生成 L_k 项集。

```
def generate_Lk_by_Ck(data_set, Ck, min_support, support_data):
    """
    Generate Lk by executing a pruning policy from Ck.
    Args:
        data_set: A list of transactions. Each transaction contains several items.
        Ck: A set which contains all all frequent candidate k-itemsets.
        min_support: The minimum support.
        support_data: A dictionary. The key is frequent itemset and the value is
support.
    Returns:
        Lk: A set which contains all all frequent k-itemsets.
    """
    Lk = set()
    item_count = {}
    for t in data_set:
        for item in Ck:
            if item.issubset(t):
                if item not in item_count:
                    item_count[item] = 1
                else:
                    item_count[item] += 1
    t_num = float(len(data_set))
    for item in item_count:
        if (item_count[item] / t_num) >= min_support:
            Lk.add(item)
```

```
            support_data[item] = item_count[item] / t_num
    return Lk
```

（6）创建产生所有频繁项集。

```
def generate_L(data_set, k, min_support):
    """
    Generate all frequent itemsets.
    Args:
        data_set: A list of transactions. Each transaction contains several items.
        k: Maximum number of items for all frequent itemsets.
        min_support: The minimum support.
    Returns:
        L: The list of Lk.
        support_data: A dictionary. The key is frequent itemset and the value
is support.
    """
    support_data = {}
    C1 = create_C1(data_set)
    L1 = generate_Lk_by_Ck(data_set, C1, min_support, support_data)
    Lksub1 = L1.copy()
    L = []
    L.append(Lksub1)
    for i in range(2, k+1):
        Ci = create_Ck(Lksub1, i)
        Li = generate_Lk_by_Ck(data_set, Ci, min_support, support_data)
        Lksub1 = Li.copy()
        L.append(Lksub1)
    return L, support_data
```

（7）从所产生的频繁项集中生成规则。

```
def generate_big_rules(L, support_data, min_conf):
    """
    Generate big rules from frequent itemsets.
    Args:
        L: The list of Lk.
        support_data: A dictionary. The key is frequent itemset and the value
is support.
        min_conf: Minimal confidence.
    Returns:
        big_rule_list: A list which contains all big rules. Each big rule is
represented as a 3-tuple.
    """
    big_rule_list = []
    sub_set_list = []
    for i in range(0, len(L)):
        for freq_set in L[i]:
            for sub_set in sub_set_list:
```

```
                    if sub_set.issubset(freq_set):
                        conf = support_data[freq_set] / support_data[freq_set - sub_set]
                        big_rule = (freq_set - sub_set, sub_set, conf)
                        if conf >= min_conf and big_rule not in big_rule_list:
                            # print freq_set-sub_set, " => ", sub_set, "conf: ", conf
                            big_rule_list.append(big_rule)
                sub_set_list.append(freq_set)
        return big_rule_list
```

（8）运行 Apriori 算法。

```
if __name__ == "__main__":
    """
    Test
    """
    data_set = load_data_set()
    L, support_data = generate_L(data_set, k=3, min_support=0.2)
    big_rules_list = generate_big_rules(L, support_data, min_conf=0.7)
    for Lk in L:
        print ("="*50)
        print ("frequent " + str(len(list(Lk)[0])) + "-itemsets\t\tsupport")
        print ("="*50)
        for freq_set in Lk:
            print (freq_set, support_data[freq_set])
    print ("Big Rules")
    for item in big_rules_list:
        print (item[0], "=>", item[1], "conf: ", item[2])
```

7.3　协同过滤

7.3.1　协同过滤的概念

协同过滤是利用集体智慧的一种典型方法。什么是协同过滤（Collaborative Filtering，CF）？假如你现在想看电影，但不知道具体看哪部，你会怎么做？大部分人会寻问周围的朋友，看看最近有什么好看的电影，我们一般倾向于从爱好类似的朋友那里得到推荐。这就是协同过滤的核心思想。

协同过滤一般是在海量的用户中发掘出一小部分和你品位比较类似的，在协同过滤中，这些用户成为邻居，然后将他们喜欢的东西组织成一个排序的目录推荐给你。当然其中有一个核心的问题：如何确定一个用户是否和你有相似的品位？如何将邻居们的喜好组织成一个排序的目录？

相对于集体智慧而言，协同过滤从一定程度上保留了个体的特征，就是你的品位偏好，所以它更能作为个性化推荐的算法思想。这也回到推荐系统的一个核心问题：了解你的用户，然后才能给出更好的推荐。

协同过滤推荐算法是诞生最早并且较为著名的推荐算法，其主要功能是预测和推荐。算法通过对用户历史行为数据的挖掘发现用户的偏好，基于不同的偏好对用户进行群组划分并推荐品味相似的商品。协同过滤推荐算法分为两类，基于用户的协同过滤算法（User-based Collaborative Filtering）和基于物品的协同过滤算法（Item-based Collaborative Filtering）。简单地说，就是"人以类聚，物以群分"。

要实现协同过滤，需要经历以下 3 个步骤。

（1）收集用户偏好。

（2）找到相似的用户或物品。

（3）计算推荐。

1. 基于用户的协同过滤

假设有几个人分别看了电影并且给电影进行了评分（5 分最高，没看过的不评分），如图 7-5 所示。如何为用户 A 推荐一部电影呢？

	《老炮儿》	《唐人街探案》	《星球大战》	《寻龙诀》	《神探夏洛克》	《小门神》
A	3.5	1.0				
B	2.5	3.5	3.0	3.5	2.5	3.0
C	3.0	3.5	1.5	5.0	3.0	3.5
D	2.5	3.5		3.5	4.0	
E	3.5	2.0	4.5		3.5	2.0
F	3.0	4.0	2.0	3.0	3.0	2.0
G	4.5	1.5	3.0	5.0	3.5	

图 7-5　用户对电影的评分数据

协同过滤的整体思路有两步：寻找相似用户，推荐电影。

（1）寻找相似用户

相似其实是指用户对电影品味的相似，也就是说需要将 A 与其他几位用户做比较，判断他们是不是品味相似。有很多种方法可以判断相似性，这里我们使用"欧几里得距离"来做相似性判定。把每一部电影看成 N 维空间中的一个维度，这样每个用户对电影的评分相当于维度的坐标，那么每一个用户的所有评分，相当于把用户固定在这个 N 维空间的一个点上，然后利用欧几里得距离计算 N 维空间两点的距离。距离越短，说明品味越接近。

本例中 A 只看过两部电影（《老炮儿》和《唐人街探案》），因此只能通过这两部电影来判断其品味了。计算 A 和其他几位用户的距离，如图 7-6 所示。

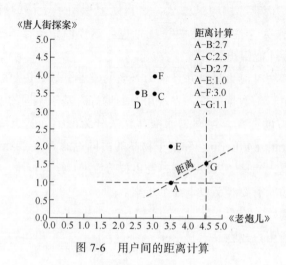

图 7-6 用户间的距离计算

算法结果需要做一个变换，变换方法为相似性= 1/(1+欧几里得距离)，这个相似性会落在（0,1）区间内，1表示品味完全一样，0表示品味完全不一样。这时就可以找到哪些人的品味和A最为接近了，计算后得到全部相似性：B为0.27，C为0.28，D为0.27，E为0.50，F为0.25，G为0.47。由此可见，E的口味与A最为接近，其次是G。

（2）推荐电影

要做电影加权评分推荐，也就是说，品味相近的人对电影的评价，对A选择电影来说更加重要。可以列一个表，计算加权分，如图7-7所示。

	相似性	《星球大战》	《寻龙诀》	《神探夏洛克》	《小门神》
A	–	–	–	–	–
B	0.27	3.0	3.5	2.5	3.0
C	0.28	1.5	5.0	3.0	3.5
D	0.27	–	3.5	4.0	–
E	0.50	4.5	–	3.5	2.0
F	0.25	2.0	3.0	3.0	2.0
G	0.47	3.0	5.0	3.5	–

乘

图 7-7 评分计算结果

把相似性和对每个电影的实际评分相乘，就是电影的加权分，如图7-8所示。

加权后，还要做少量的计算：总分是每部电影加权分的总和，总相似性是对这部电影有评分的人的相似性综合，推荐度是总分/总相似性，目的是排除看电影人数对总分的影响。结论在最终一行，就是推荐度（因为是根据品味相同的人打分加权算出的分，可以近似认为如果 A 看了这部电影，预期的评分会是多少）。

	相似性	《星球大战》	《寻龙诀》	《神探夏洛克》	《小门神》
A	–	–	–	–	–
B	0.27	0.81	0.945	0.675	0.81
C	0.28	0.42	1.4	0.84	0.98
D	0.27	–	0.945	1.08	–
E	0.50	2.25	–	1.75	1
F	0.25	0.5	0.75	0.75	0.5
G	0.47	1.41	2.35	1.645	–
总分		5.39	6.39	6.74	3.29
总相似性		1.77	1.54	2.04	1.3
推荐度		3.05	4.15	3.30	2.53

图 7-8 电影推荐结果

有了电影的加权得分后，通常还要设定一个阈值，如果超过阈值，就给用户推荐。如果我们将设置阈值为 4，那么最终推荐给 A 的电影就是《寻龙诀》。

我们现在的做法是向用户推荐电影。当然还可以从另外角度来思考：如果我们把初始的评分表的行列调换，其他过程都不变，那么就变成了把电影推荐给合适的受众。因此，要根据不同场景选择不同的思考维度。

2．基于物品的协同过滤

基于用户的协同过滤，适用于物品较少、用户也不太多的情况。如果用户太多，针对每个用户的购买情况来计算哪些用户与自己的品味类似，效率是很低的。如果商品很多，每个用户购买的商品重合的可能性很小，这样判断品味是否相似也就变得比较困难了。

这时可以使用另一类智能推荐算法——"基于物品的协同过滤"。消费者每天都在购物，行为变化很快，物品每天虽然也有变化，但是和物品总量相比变化还是少很多。这样，我们就可以预先计算物品之间的相似程度，然后利用顾客实际购买的情况，找出相似的物品做推荐。

由于物品整体变化不大，因此这个相似程度不用每天都计算，可节省计算资源；同时，可以给某一样商品备选 5 个相似商品，推荐时只做这 5 个相似商品的加权评分，避免对所有商品都进行加权评分，以避免大量计算。这么说有点抽象，还是看一个例子吧。

还是用前面的例子，目的是给 A 推荐一部电影。

计算电影之间的相似度，这次用皮尔逊相关系数来计算，公式为：

$$P_{X,Y} = \cfrac{\overset{(1)}{\sum XY} - \cfrac{\sum X \sum Y}{N}\,{}^{(2)}}{\sqrt{\left(\underset{(3)}{\sum X^2} - \underset{(4)}{\cfrac{(\sum X)^2}{N}}\right)\left(\underset{(5)}{\sum Y^2} - \underset{(6)}{\cfrac{(\sum Y)^2}{N}}\right)}}$$

上述公式看起来复杂，其实可以分成 6 个部分分别进行计算。我们选《寻龙诀》（X）和《小门神》（Y）作为例子，来计算一下相似度，则：

$$X=(3.5,\ 5.0,\ 3.0);$$
$$Y=(3.0,\ 3.5,\ 2.0).$$

数字就是评分，因为只有 3 个人同时看了这两个电影，所以 X、Y 两个向量都只有 3 个元素。按照公式逐步计算。

（1）X 和 Y 的乘积再求和：$3.5×3.0+5.0×3.5+3.0×2.0 = 34$。

（2）X 求和乘以 Y 求和，再除以个数：$((3.5+5.0+3.0)×(3.0+3.5+2.0))/\ 3 = 32.58$。

（3）X 的平方和：$3.5^2+5.0^2+3.0^2 = 46.25$。

（4）X 和的平方除以个数：$(3.5+5.0+3.0)^2/\ 3 = 44.08$。

（5）Y 的平方和：$3.0^2+3.5^2+2.0^2 = 25.25$。

（6）Y 和的平方除以个数：$(3.0+3.5+2.0)^2/\ 3 = 24.08$。

把这几个结果代入整体的公式中，得出相关系数为 0.89。按照这种方法，需要两两计算电影的相似性，结果如图 7-9 所示。

	《老炮儿》	《唐人街探案》	《星球大战》	《寻龙诀》	《神探夏洛克》	《小门神》
《老炮儿》	1					
《唐人街探案》	−0.77	1				
《星球大战》	0.3	−0.67	1			
《寻龙诀》	0.65	−0.68	−0.08	1		
《神探夏洛克》	0.25	−0.38	0.44	0.12	1	
《小门神》	−0.54	0.32	−0.55	0.89	−0.54	1

图 7-9　电影相似性计算

相关系数取值为（−1,1），1 表示完全相似，0 表示没关系，−1 表示完全相反。结合电影偏好，如果相关系数为负数，如《老炮儿》和《唐人街探案》，就表明，喜欢《老炮儿》的人，存在厌恶《唐人街探案》的倾向。然后就可以为 A 推荐电影了，思路如下：A 只看过两部电影，然后根据其他电影与这两部电影的相似程度，进行加权评分，得出给 A 推荐电影的具体方法。可以列一个图，如图 7-10 所示。

向A推荐	A评分	《星球大战》	"相似分"	《寻龙诀》	"相似分"	《神探夏洛克》	"相似分"	《小门神》	"相似分"
《老炮儿》	3.5	0.3	1.05	0.65	2.275	0.25	0.875	-0.54	-1.89
《唐人街探案》	1.0	-0.67	-0.67	-0.68	-0.68	-0.38	-0.38	0.32	0.32
求和(推荐度)			0.38		1.595		0.495		-1.57

图 7-10　电影推荐结果

用 A 看过的电影的评分，和其他电影的相似度相乘，然后再把相乘后的结果加和，即可得出最后的推荐度。这里可以看出，应该向 A 推荐《寻龙诀》，这与和上一节用基于用户的协同过滤算法的结果是一致的。

7.3.2　协同过滤的实现

本节将分别使用基于用户的协同过滤算法和基于物品的协同过滤算法实现电影推荐。

1. 基于用户的协同过滤算法实现的过程

（1）创建电影与评分数据。

```
# A dictionary of movie critics and their ratings of a small#
critics ={
'Lisa Rose': {'Lady in the Water': 2.5, 'Snakes on a Plane': 3.5,
 'Just My Luck': 3.0, 'Superman Returns': 3.5, 'You, Me and Dupree': 2.5,
 'The Night Listener': 3.0},
'Gene Seymour': {'Lady in the Water': 3.0, 'Snakes on a Plane': 3.5,
 'Just My Luck': 1.5, 'Superman Returns': 5.0, 'The Night Listener': 3.0,
 'You, Me and Dupree': 3.5},
 'Michael Phillips': {'Lady in the Water': 2.5, 'Snakes on a Plane': 3.0,
 'Superman Returns': 3.5, 'The Night Listener': 4.0},
 'Claudia Puig': {'Snakes on a Plane': 3.5, 'Just My Luck': 3.0,
 'The Night Listener': 4.5, 'Superman Returns': 4.0,
 'You, Me and Dupree': 2.5},
'Mick LaSalle': {'Lady in the Water': 3.0, 'Snakes on a Plane': 4.0,
 'Just My Luck': 2.0, 'Superman Returns': 3.0, 'The Night Listener': 3.0,
 'You, Me and Dupree': 2.0},
 'Jack Matthews': {'Lady in the Water': 3.0, 'Snakes on a Plane': 4.0,
 'The Night Listener': 3.0, 'Superman Returns': 5.0, 'You, Me and Dupree': 3.5},
 'Toby': {'Snakes on a Plane':4.5,'You, Me and Dupree':1.0,'Superman
Returns':4.0}}
```

上面的字典清晰地展示了一位影评者对若干部电影的打分，分值为 1～5。用户可以很容易地对其进行查询和修改，如查询某人对某部影片的评分，代码为：

```
>>> print(critics['Lisa Rose']['Snakes on a Plane'])
```

（2）寻找相似用户，即确定人们在品味方面的相似度。需要将每个人与其他人进行对比，并计算相似度评价值。这里采用欧几里得距离和皮尔逊相关系数两种算法来计算相似度评价值。

① 欧几里得距离评价

欧几里得距离是多维空间中两点之间的距离，用来衡量二者的相似度。距离越小，相似度越高。其中，欧几里得距离公式为：

$$\text{dist}(X,Y) = \sqrt{\sum_{i=1}^{n}(x_i - y_i)^2}.$$

相关代码为：

```
from math import sqrt
# Returns a distance-based similarity score for person1 and person2
def sim_distance(prefs,person1,person2):
  # Get the list of shared_items
  si={}
  for item in prefs[person1]:
      if item in prefs[person2]: si[item]=1
  # if they have no ratings in common, return 0
  if len(si)==0: return 0
  # Add up the squares of all the differences
  sum_of_squares=sum([pow(prefs[person1][item]-prefs[person2][item],2)
      for item in prefs[person1] if item in prefs[person2]])
  return 1/(1+sum_of_squares)
```

这一函数将返回范围为0～1的值。调用该函数，传入两个人的名字，可计算相似度评价值，代码为：

```
>>>print(sim_distance(critics,'Lisa Rose','Gene Seymour'))
    0.14814814814814814
```

② 皮尔逊相关系数评价

皮尔逊相关系数是判断两组数据与某一直线拟合程度的一种度量，修正了"夸大分值"，在数据不是很规范的时候（如影评者对影片的评价总是相对于平均水平偏离很大时），会给出更好的结果。相关系数越大，相似度就越高。其中，皮尔逊相关系数公式为：

$$r(X,Y) = \frac{\sum XY - \dfrac{\sum X \sum Y}{N}}{(\sum X^2 - \dfrac{(\sum X)^2}{N})(\sum Y^2 - \dfrac{(\sum Y^2)}{N})}$$

相关代码为：

```
# Returns the Pearson correlation coefficient for p1 and p2
def sim_pearson(prefs,p1,p2):
  # Get the list of mutually rated items
  si={}
  for item in prefs[p1]:
      if item in prefs[p2]: si[item]=1
  # if they are no ratings in common, return 0
  if len(si)==0: return 0
  # Sum calculations
  n=len(si)
  # Sums of all the preferences
  sum1=sum([prefs[p1][it] for it in si])
  sum2=sum([prefs[p2][it] for it in si])
  # Sums of the squares
  sum1Sq=sum([pow(prefs[p1][it],2) for it in si])
  sum2Sq=sum([pow(prefs[p2][it],2) for it in si])
  # Sum of the products
  pSum=sum([prefs[p1][it]*prefs[p2][it] for it in si])
  # Calculate r (Pearson score)
  num=pSum-(sum1*sum2/n)
  den=sqrt((sum1Sq-pow(sum1,2)/n)*(sum2Sq-pow(sum2,2)/n))
  if den==0: return 0
  r=num/den
  return r
```

这一函数将返回范围为-1～1 的值。调用该函数，传入两个人的名字，可计算相似度评价值，代码为：

```
>>>print(sim_pearson(critics,'Lisa Rose','Gene Seymour'))
   0.39605901719066977
```

（3）返回最相似用户。从反映偏好的字典中返回最为匹配者，返回结果的个数和相似度函数均为可选参数，对列表进行排序，评价值最高者排在最前面，从而为评论者打分。相关代码为：

```
# Returns the best matches for person from the prefs dictionary.
# Number of results and similarity function are optional params.
def topMatches(prefs,person,n=5,similarity=sim_pearson):
  scores=[(similarity(prefs,person,other),other)
    for other in prefs if other!=person]
  scores.sort()
  scores.reverse()
  return scores[0:n]
```

调用该方法并传入某一姓名，将得到一个有关影评者及其相似度评价值的列表，代码为：

```
>>> print(topMatches(recommendations.critics,'Toby',n=4))
```

```
[(0.9912407071619299, 'Lisa Rose'), (0.9244734516419049, 'Mick LaSalle'),
(0.8934051474415647, 'Claudia Puig'), (0.66284898035987, 'Jack Matthews')]
```

（4）为影片打分。通过一个经过加权的评价值为影片打分，返回其他人评价值的加权平均、归一及排序后的列表，并推荐给对应的影评者。最终评价值的计算公式为：

$$r = \frac{\sum \text{prefs} * \text{sim}}{\sum \text{simSums}}$$

该方法的执行过程如图 7-11 所示。

评论者	相似度	Night	S.xNight	Lady	S.xLady	Luck	S.xLuck
Rose	0.99	3.0	2.97	2.5	2.48	3.0	2.97
Seymour	0.38	3.0	1.14	3.0	1.14	1.5	0.57
Puig	0.89	4.5	4.42			3.0	2.68
LaSalle	0.92	3.0	2.77	3.0	2.77	2.0	1.85
Matthews	0.66	3.0	1.99	3.0	1.99		
总计			12.89		8.38		8.07
Sim.Sum			3.84		2.95		3.18
总计/Sim.Sum			3.35		2.83		2.53

图 7-11　推荐结果

相关代码为：

```
# Gets recommendations for a person by using a weighted average
# of every other user's rankings
def getRecommendations(prefs,person,similarity=sim_pearson):
  totals={}
  simSums={}
  for other in prefs:
    # don't compare me to myself
    if other==person: continue
    sim=similarity(prefs,person,other)
    # ignore scores of zero or lower
    if sim<=0: continue
    for item in prefs[other]:
      # only score movies I haven't seen yet
      if item not in prefs[person] or prefs[person][item]==0:
        # Similarity * Score
        totals.setdefault(item,0)
        totals[item]+=prefs[other][item]*sim
        # Sum of similarities
        simSums.setdefault(item,0)
        simSums[item]+=sim
  # Create the normalized list
```

```
    rankings=[(total/simSums[item],item) for item,total in totals.items()]
    # Return the sorted list
    rankings.sort()
    rankings.reverse()
    return rankings
```

（5）对结果进行排序后，可得到一个经过排名的影片列表，以及对每部影片的推荐程度情况。相关代码为：

```
>>> print(getRecommendations(critics,'Toby'))
    [(3.3477895267131017, 'The Night Listener'), (2.8325499182641614, 'Lady in the
Water'), (2.530980703765565, 'Just My Luck')]
    >>> print(getRecommendations(critics,'Toby',similarity=sim_distance))
    [(3.5002478401415877, 'The Night Listener'), (2.7561242939959363, 'Lady in the
Water'), (2.461988486074374, 'Just My Luck')]
```

从上述代码中可以发现，选择不同的相似性度量方法，对结果的影响微乎其微。

2．基于物品的协同过滤算法实现的过程

（1）推荐影片，当没有收集到关于用户的足够信息时，可通过查看这些人喜欢哪些其他物品来决定相似度。因此只需将之前字典里的人员与物品进行对换，就可以复用之前的方法。相关代码为：

```
def transformPrefs(prefs):
  result={}
  for person in prefs:
    for item in prefs[person]:
      result.setdefault(item,{})
      # Flip item and person
      result[item][person]=prefs[person][item]
  return result
```

（2）调用 topMatches()函数得到一组与 *The Night Listener* 最为相似的影片的列表。

```
>>> movies=transformPrefs(recommendations.critics)
>>> print(topMatches(movies,'The Night Listener'))
[(0.5555555555555556, 'Just My Luck'), (-0.1798471947990544, 'Superman Returns'),
(-0.250000000000002, 'You, Me and Dupree'), (-0.5663521139548527, 'Snakes on a Plane'),
(-0.6123724356957927, 'Lady in the Water')]
```

（3）还可以为物品推荐用户，调用 getRecommendations()函数可将 *You, Me and Dupree* 推荐给可能会喜欢该影片评论者。

```
>>> print(getRecommendations(movies,'You, Me and Dupree'))
    [(3.1637361366111816, 'Michael Phillips')]
```

3．两种协同过滤方式的选择

基于物品的协同过滤方式的推荐结果更加个性化,结果反映了用户自己的兴趣传承。

当数据集是稀疏数据时，结果的准确度高，而且针对大数据集生成推荐列表的速度明显更快，不过有维护物品相似度的额外开销。

但是，基于用户的过滤方法更易于实现，推荐结果着重于反映和用户兴趣相似的小群体的热点，着重于维系用户的历史兴趣，更适合于规模较小、变化非常频繁的内存数据集。

第8章
图像数据分析

本章首先介绍了图像数据的相关概念，然后结合 Python 图像处理工具包介绍图像数据分析的常用方法。

本章重点内容如下。

（1）图像数据的相关概念。

（2）图像数据的分析方法。

（3）图像数据分析案例。

8.1 图像数据的相关概念

随着成像技术的发展和成像设备的普及，图像和视频逐渐成为人们获取信息的重要来源。俗语"百闻不如一见""一目了然""一图胜千言"也说明了视觉信息在人们进行信息传递和交流中的重要作用。我们对图像并不陌生，目前，图像处理技术已得到广泛应用，涵盖了社会生活的各个领域。例如，手机自拍美颜、人脸/指纹识别、光学字符识别（OCR）、车牌号检测与识别、广告图文设计、影视剧特效制作、安防监控、无人驾驶、X 光片、遥感卫星对地观测成像等。

本节将学习图像的概念，图像的分类以及与图像相关的基本概念等。

图像是对真实存在的或者人们想象的客观对象的一种表示方式，这种方式能被人的视觉系统感知。援引百度百科的介绍："广义上，图像就是所有具有视觉效果的画面，它包括：纸介质上的，底片或照片上的，电视、投影仪或计算机屏幕上的。"

由于成像原理、成像技术及存储方式的不同，图像可分为不同的类型。

根据记录方式的不同，图像可分为模拟图像和数字图像。模拟图像通过某种具有连续变化值的物理量（如光、电等的强弱）来记录图像亮度信息。例如，在计算机和数码相机发明之前的电视、照相机等设备获取或展示的都是模拟图像。普通图像包含的信息量巨大,需要将其转变成计算机能处理的数字图像。数字图像又称数码图像或数位图像,是由模拟图像数字化后得到的、以像素为基本元素的、可以用数字计算机或数字电路存储和处理的图像,其光照位置和强度都是离散的。如图 8-1 所示,数字图像可以看作定义在二维空间区域上的函数 $f(x,y)$(通常使用矩阵表示),其中,x,y 表示空间坐标。通常,图像处理指的是处理数字图像。

255	255	255	12	13	5	255	255
255	255	255	11	16	9	255	255
255	255	3	15	16	6	255	255
255	7	15	16	16	2	255	255
255	255	1	16	16	3	255	255
255	255	1	16	16	6	255	255
255	255	1	16	16	6	255	255
255	255	255	11	16	10	255	255

(a)数字图像可视化(放大)   (b)图像的二维数值矩阵表示

图 8-1   数字图像示意图

我们在电子显示设备上将图像放大数倍,会发现图像的连续色调其实是由许多色彩相近的小方块所组成,这些小方块就是构成影像的最小单元——像素(Pixel)。像素是数字图像的重要概念,又称为图像元素(Picture Element),是指图像的基本原色素及其灰度的基本编码,是构成数码影像的基本单元,通常以像素每英寸(Pixels Per Inch,PPI)为单位来表示影像分辨率的大小。例如,分辨率为 300×300PPI,即表示水平方向与垂直方向上每英寸长度上的像素数都是 300,也可表示为一平方英寸内有9 万(300×300)像素。越高位的像素,其拥有的色板就越丰富,也就越能表达颜色的真实感。

根据像素取值的不同,数字图像可以分为二值图像(由 1 位二进制存储,表示只有两种颜色)、8 位图像(每个像素由 8 位二进制表示,可以表示 256 种颜色或亮度)、16位图像(每个像素由 16 位二进制表示)等。

如图 8-2 所示,每张图像都是由一个或者多个相同维度的数据通道构成。以 RGB 彩色图像为例,每张图片都是由三个数据通道构成,分别为红、绿和蓝通道。而对于灰度图像,则只有一个通道。多光谱图像一般有几个到几十个通道。高光谱图像具有几十到上百个通道。

根据应用领域的不同,数字图像还可以分为医学图像、遥感图像、视频监控图像等。视频的每一帧都可以看作是一幅静态图像,因此,视频可以看作是图像在时间维度的扩展。

根据存储格式的不同,数字图像还可以分为不同的文件类型,如.bmp、.png、.jpg 等。

（a）单通道（灰度图像）　　（b）三通道（RGB彩色图像）　　（c）多通道（高光谱图像）

图 8-2　图像通道示意图

此外，图像不仅仅局限于人眼可以看到的可见光图像，而是几乎覆盖了全部电磁波谱，包括超声波、电子显微镜和计算机产生的图像等。

8.2　图像数据分析方法

随着科技的发展，获取图像越来越方便，数据量也越来越大，但利用率仍有待提高。例如，在安防领域，24 小时全天候监控产生了大量的视频，统计当下监控画面中的人数（行人检测）、定位他们的人脸（人脸检测）、识别他们的身份（人脸识别）、判别他们的表情（表情识别）、识别他们的动作（动作识别），这些工作交给人来做，费时费力。利用计算机进行视频和图像数据分析，往往能大幅度地提高工作的效率。

数字图像的产生远在计算机出现之前。早期还有电报传输的数字图像。随着计算机硬件的发展和快速傅里叶变换算法的发现，使得人们用计算机也能高效地处理图像。之后，随着计算机性能的大幅提高和广泛使用，图像处理技术已经遍及社会的各个角落。数字图像处理是一门系统地研究各种图像理论、技术和应用的交叉学科。从它的研究方法看，它与数学、物理学、生物学、心理学、电子学、计算机科学可以互相借鉴；从它的研究范围看，它与模式识别、计算机视觉、计算机图形学等学科交叉。

广义的数字图像处理又称为图像工程，是与图像有关的技术的总称，包括图像的采集、编码、传输、存储、生成、显示、输出、变换、增强、恢复和重建、分割、目标检测、表达和描述、特征提取、分类和识别、图像匹配、场景理解等。如图 8-3 所示，图像工程一般可以分为三个层级：①狭义的图像处理，包括图像采集和从图像到图像的变换，主要作用是改善图像视觉效果和为图像分析及理解作初步的处理，包括对比度调节、图像编码、去噪以及各种滤波技术的研究、图像恢复和重建等；②图像分析是指从图像中取出感兴趣的数据，以描述图像中目标的特点，该层级输入是图像，输出是从图像中提取的边缘、轮廓等特征属性；③图像理解是在图像分析的基础上，利用模式识别和人工智能方法研究各目标的性质和相互关系，对图像中的目标进行分析、描述、分类和解释，一般输入为图像，输出为该图像的语义描述。

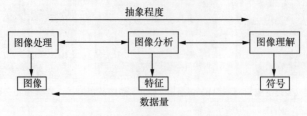

图 8-3　图像工程的三个层级

从技术的角度，图像数据分析的常用方法有以下几种。

（1）图像变换。由于图像矩阵一般具有很高的维度，直接在空间域中进行处理计算量很大。通常采用各种图像变换的方法，如傅里叶变换、沃尔什变换、离散余弦变换、小波变换等，将空间域的处理转换为变换域处理，不仅可以减少计算量，而且可以增强其稳健性。

（2）图像编码和压缩。编码是压缩技术中最重要的方法，它在图像处理技术中是发展最早且比较成熟的技术。图像编码压缩技术可减少描述图像的数据量（即比特数），以便节省图像传输、处理时间，减少所占用的存储器容量。压缩分为有损压缩和无损压缩，在不失真的前提下获得图像是无损压缩，在允许失真的条件下获得图像是有损压缩。例如，一种常用的图像压缩技术是只保留图像变换后频域的大系数，采用对应的反变换即可恢复图像。

（3）图像增强和复原。客观世界是三维空间，但一般图像是定义在二维区域上的，图像在反映三维世界的过程中必然丢失了部分信息。即使是记录下来的信息也有可能失真，影响人的主观感受和物体识别等后续应用。因此，需要从成像原理出发，建立合适的数学模型，通过模型求解提高图像质量或从图像中恢复和重建信息。图像增强和复原的目的是为了提高图像的质量，如去除噪声、提高图像的清晰度等。图像增强不考虑图像降质的原因，突出图像中用户所感兴趣的部分。例如，强化图像高频分量，可使图像中物体轮廓清晰、细节明显；强化低频分量，可减少图像中的噪声影响。图像复原要求对图像降质的原因有一定的了解，一般应根据降质过程建立"降质模型"，通过模型求解恢复或重建原来的图像，常用于图像去噪、插值、超分辨率等。

（4）图像分割。图像分割是数字图像处理中的关键技术之一。图像分割是提取图像中有意义的特征，包括图像中的边缘、区域等，这是进一步进行图像识别、分析和理解的基础。虽然人们已研究出不少边缘提取、区域分割的方法，但目前还没有一种普遍适用于各种图像的有效方法。因此，对图像分割的研究还在不断深入之中，图像分割是目前图像处理中研究的热点之一。

（5）图像描述和特征提取。图像描述是图像识别和理解的必要前提。作为最简单的二值图像可采用其几何特性描述物体的特性，一般图像采用二维形状描述，它有边界描述和区域描述两种描述方法。对于特殊的纹理图像可采用二维纹理特征描述。随着图像处理研究的深入发展，人们已经开始进行三维物体描述的研究，提出了体积描述、表面描述、广义圆柱体描述等方法。

（6）图像分类（识别）。图像分类（识别）属于模式识别的范畴，其主要内容是图像经过某些预处理（增强、复原、压缩）后，进行图像分割和特征提取，从而进行判别分类。图像分类常采用经典的模式识别方法，如统计模式分类和句法（结构）模式分类，近年来新发展起来的模糊模式识别和人工神经网络模式分类在图像识别中也越来越受到重视。

8.3　图像数据分析案例

本章在分析图像数据时，会使用第 3 章提到的诸多 Python 程序模块，如 NumPy、SciPy、Scikit-learn、Matplotilib 等，请参考第 3 章列出的程序模块的安装和使用文档的链接。此外，还需要用到 Python 图像处理类库（Python Imaging Library，PIL）[1]，它为 Python 解释器提供了大量的图像和图形处理功能，能够对图像数据进行缩放、裁剪、旋转、滤波、颜色空间转换、对比度增强等，该类库支持多种图像文件格式的读/写。PIL 是 Python 平台事实上的图像处理标准库[2]。PIL 功能非常强大，但 API 却非常简单易用。在进行图像数据分析时，我们需要对向量、矩阵进行操作。借助 PIL 模块结合 NumPy 模块提供的向量、矩阵等数组对象的处理方法和线性代数函数，以及 SciPy 提供的数值积分、优化、统计、信号处理、图像处理等高效操作，我们可以完成大多数的图像分析任务。

8.3.1　Python 图像处理类库应用示例

PIL 提供了大量常用的、基本的图像操作方法。本节将介绍几个图像处理中非常重要的模块。

---

① PIL 是免费的，读者可自行在官方网站下载该模块，同时官方网址也提供了使用手册供用户参考。
② 一些志愿者在 PIL 的基础上创建了兼容的版本，名字叫作 Pillow，它与 PIL 的使用基本相同，并且支持最新的 Python 3.x，还加入了许多新特性。此外，在 Python 中进行图像处理，还可以使用 Pandas、OpenCV、Tensorflow 等工具包。限于篇幅，不在这里介绍，读者可上网搜索学习相关知识。

1. Image 模块

Image 模块中定义的 Image 类是 PIL 中最重要的类，实现了图像文件的读/写、显示、颜色空间转换等。

Image 类的 open()方法接收图像文件路径为参数，用于读取图像文件。如果载入文件失败，会引起一个 IOError；载入成功则返回一个 Image 对象。例如，读取当前目录下文件名为"python.jpg"的图像（见图 8-4）。

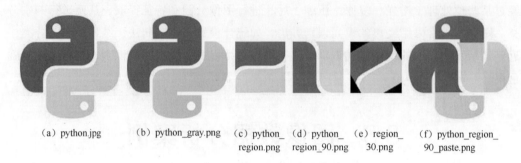

    (a) python.jpg   (b) python_gray.png   (c) python_   (d) python_   (e) region_   (f) python_region_
                                               region.png   region_90.png   30.png   90_paste.png

图 8-4　图像基本操作示例

```
#导入 PIL 类库中的 Image 模块
>>>from PIL import Image
#加载图像数据到 Image 对象（Image 对象的 open()方法可以根据文件扩展名判断图像的格式）
>>> im=Image.open('python.jpg')
```

利用 Image 对象的属性打印输出图像的类型、大小和模式：

```
>>> print(im.format, im.size, im.mode)
JPEG (256, 256) RGB
```

上述语句中有三个属性，分别为 format、size 和 mode。其中，format 识别图像的源格式，如果该文件不是从文件中读取的，则被置为 None 值；size 是有两个元素的元组，其值为像素意义上的宽和高；mode 表示颜色空间模式，定义了图像的类型和像素的位宽。PIL 支持如下模式。

- 1：1 位像素，表示黑和白，但是存储的时候每个像素存储为 8bit。
- L：8 位像素，对应灰度图像，可以表示 256 级灰度。
- P：8 位像素，使用调色板映射到其他模式。
- RGB：3×8 位像素，为真彩色。
- RGBA：4×8 位像素，有透明通道的真彩色。
- CMYK：4×8 位像素，颜色分离。
- YCbCr：3×8 位像素，彩色视频格式。
- I：32 位整型像素。

- F：32 位浮点型像素。

PIL 也支持一些特殊的模式，包括 RGBX（有 padding 的真彩色）和 RGBa（有自左乘 Alpha 的真彩色）。上述 print 语句的输出结果表示 python.jpg 文件对应的图像格式为 JPEG，宽和高均为 256 像素，颜色模式为 RGB 的彩色图像。

读取的图像数据可以利用 Image 对象的 show()方法进行显示：

```
>>>im.show()
```

标准版本的 show()方法效率不太高。因为在 Linux 系统中，它先将图像保存为一个临时文件，然后使用 xv 进行显示。如果没有安装 xv，该函数甚至不能工作。在 Windows 系统下，该方法会调用默认的图片查看器打开图像。

图像颜色空间转换可以使用 convert()方法来实现，例如，将读取的 im 数据转换为灰度图像：

```
>>>im_gray=im.convert('L')
```

图像数据的保存使用 save()方法：

```
#将 im_gray 保存为 png 图像文件，文件名为 python_gray.png
>>>im_gray.save('python_gray.png')
```

Image 对象的 crop()方法可以从一幅图像中裁剪指定的矩形区域，它接收包含四个元素的元组作为参数，各元素的值分别对应裁剪区域在原图像中左上角和右下角位置的坐标，坐标系统的原点(0, 0)在图像的左上角。

```
#使用四元组(左，上，右，下)指定裁剪区域
>>>box = (66, 66, 190, 190)
#裁剪图像区域
>>>region = im.crop(box)
#保存裁剪的图像区域数据到图像文件
>>>region.save('python_region.png')
```

Image 对象的 transpose()方法通过传入参数 Image.ROTATE_#（#代表旋转的角度，可以是 90°、180°、270°）可以将图像进行旋转；也可以传入参数 Image.FLIP_LEFT_RIGHT 将图像进行水平翻转，传入参数 Image.FLIP_TOP_BOTTOM 进行垂直翻转等。

```
#将图像数据 region 旋转 90°
>>>region_90 = region.transpose(Image.ROTATE_90)
>>>region_90.save(' region_90.png')    #保存图像
```

Image 对象的 rotate ()方法可以将图像数据进行任意角度的旋转：

```
#将图像数据 region 逆时针旋转 30°
>>>region_30 = region.rotate(30)
>>>region_30.save(' region_30.png')     #保存图像
```

Image 对象的 paste ()方法可以为图像对象在特定位置粘贴图像数据：

```
#创建图像对象 im 的备份
>>>im_paste=im
#将 region_90 贴在图像对象 im_paste 中 box 对应的位置
>>> im_paste.paste(region_90, box)
>>>im_paste.show()     #显示图像
>>>im_paste.save('python_region_90_paste.png')        #保存图像
```

需要注意的是，粘贴的图像数据必须与粘贴区域具有相同的大小，但是它们的颜色模式可以不同。paste()方法在粘贴之前自动将粘贴的图像数据转换为与被粘贴图像相同的颜色模式。读者可以通过将从灰度图像裁剪的区域粘贴到彩色图像，或者将从彩色图像裁剪的区域粘贴到灰度图像进行验证。

PIL 可以对多波段图像的每个波段分别进行处理。Image 对象的 getbands()方法可以获得每个波段的名称，split()方法将多波段图像分解为多个单波段图像，merge()方法可以按照用户指定的颜色模式和单波段图像数据的顺序，将它们组合成新的图像，效果如图 8-5 所示。

```
#显示每个波段的名称
>>>print(im.getbands())
('R', 'G', 'B')
#将 RGB 彩色图像对象 im 分解为三个单波段图像（红、绿、蓝）
>>>r, g, b = im.split()
#显示每个波段图像
>>>r.show()
>>>g.show()
>>>b.show()
#按照 RGB 颜色模式，将波段按蓝、绿、红的顺序组合生成新的图像
>>>im_bgr = Image.merge("RGB", (b, g, r))
>>>im_bgr.show()
```

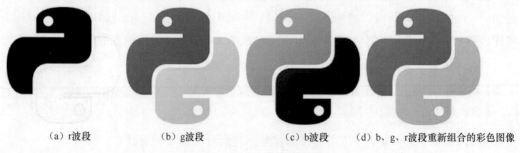

(a) r波段   (b) g波段   (c) b波段   (d) b、g、r波段重新组合的彩色图像

图 8-5   图像颜色变换示例

Image 对象的 point()方法用于对图像每个像素的值进行数值运算，由此可以完成图像反色、线性拉伸、归一化等。

```
>>>from PIL import Image
>>>im_gray=Image.open('python_gray.png')
#将图像数据 im_gray 进行反色处理
>>>im_gray_inv = im_gray.point(lambda i: 255-i)
>>> im_gray_inv.save('im_gray_inv.png')      #保存图像
```

图像的直方图用来表示该图像的像素值的分布情况。Image 对象的 histogram()方法将像素值的范围分成一定数目的小区间，统计落入每个小区间的像素值数目。以下代码可以生成一幅图像的直方图：

```
>>>from PIL import Image
>>>from pylab import *
>>>imin=Image.open('e:\\lena.png').convert('L')
>>>im_hist=imin.histogram()     #获得直方图数据
>>>plot(im_hist)
```

在某些情况下，一幅图像中大部分像素的强度都集中在某一区域，而质量较高的图像，像素的强度应该均衡分布。直方图均衡化是指将表示像素强度的直方图进行拉伸，令其平坦化，使变换后的图像中每个灰度值的分布概率基本相同。在对图像做进一步处理之前，直方图均衡化可以增强图像的对比度，这也通常是对图像灰度值进行归一化的一个非常好的方法。

PIL 也可以用于处理序列图像，即常见的动态图，其扩展名为.gif，另外还有 FLI / FLC[①]等。当我们打开这类图像文件时，PIL 自动载入图像的第一帧。我们可以使用 seek() 和 tell()方法在各帧之间切换。

机器学习算法要求样本的特征数据具有相同的维度。类似地，当我们采用机器学习算法进行图像数据分析时，每幅图像的特征数据也应具有相同的维度。通常，可使用两种方式完成这项任务，一种方法是将所有样本图像缩放或裁剪为相同的宽、高和颜色通道；另一种方法是对每幅图像应用滤波技术或特征提取算法得到具有相同维度的特征数据。下面先来看第一种方法，第二种方法会在本章后续内容中介绍。利用 PIL 模块，可以调用 Image 对象的 resize()方法调整一幅图像的大小，该方法接受一个表示新图像大小的元组为参数，返回原图像缩放后的备份：

```
>>>im_half= im.resize((128, 128)) #将 im 调整为宽和高均为 128 像素
```

---

① FLC/FLI（Flic 文件）是 Autodesk 公司在其出品的 2D、3D 动画制作软件中采用的动画文件格式。

resize()方法中指定的图像宽度和高度可以不一致，新图像的宽度或高度可以比原图像的大（对应图像放大），也可以比原图像的小（对应图像缩小）。假如有一幅特别小的图像，当放大该图像时，通常会出现马赛克，我们希望把细节填充进来。

2. ImageFilter 模块

PIL 提供的 ImageFilter 模块包含一组预先定义的滤波器，可以结合 Image 对象的 filter()方法实现图像平滑和增强。目前，该模块支持 BLUR、CONTOUR、DETAIL、EDGE_ENHANCE、EDGE_ENHANCE_MORE、EMBOSS、FIND_EDGES、SMOOTH、SMOOTH_MORE、SHARPEN、GaussianBlur、RankFilter 等。

```
>>>from PIL import Image
>>>from PIL import ImageFilter
>>>boat = Image.open("boat.png")
>>>boat_blur = boat.filter(ImageFilter.BLUR)          #模糊滤波
>>>boat_blur.save('boat_blur.png')
>>>boat_edge = boat.filter(ImageFilter.FIND_EDGES)    #边缘检测
>>>boat_edge.save('boat_edge.png')
>>>boat_contour = boat.filter(ImageFilter.CONTOUR)    #查找轮廓
>>>boat_contour.save('boat_contour.png')
>>>boat_rank= boat.filter(ImageFilter.RankFilter(9,3))
>>>boat_rank.save('boat_rank.png')     #每个像素取值为它的 3×3 邻域中第三大的像素值
```

以上代码的效果如图 8-6 所示。

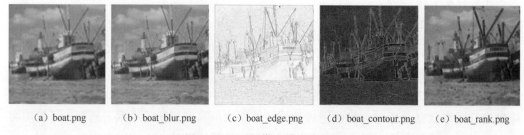

(a) boat.png　　　(b) boat_blur.png　　　(c) boat_edge.png　　　(d) boat_contour.png　　　(e) boat_rank.png

图 8-6　boat 图像及其滤波处理

3. ImageEnhance 模块

PIL 中更高级的图像增强可以借助 ImageEnhance 模块完成，例如，ImageEnhance.Contrast()用于调整对比度，ImageEnhance.Sharpness()用于图像锐化，ImageEnhance.Color()用于图像颜色均衡，ImageEnhance.Brightness()用于调整图像亮度等。

```
>>> from PIL import Image,ImageEnhance
>>>im=Image.open('E:\\boat.png')
>>>im_contrast = ImageEnhance.Contrast(im)
>>> for i in [0.3,1.5,3]:
>>>    temp=im_contrast.enhance(i)
```

```
>>>    temp.save('boat_enhance'+str(i)+'.png')
```

由上述代码产生的增强后的图像效果如图 8- 7 所示。

（a）boat_enhance　　（b）boat_enhance.5.png　　（c）boat_enhance.3.png

图 8-7　boat 图像增强

限于篇幅，PIL 提供的其他模块和方法及它们的使用请参考官方文档。

8.3.2　NumPy 图像数据分析示例

PIL 提供了大量基本的图像处理模块和方法，但当我们需要完成一些高级图像处理任务，或者自定义一组图像处理流程时，还需要借助其他模块。首先可以考虑的就是提供了向量、矩阵、方程组等操作方法的 NumPy。

使用 PIL 模块读取的图像数据为 PIL 模块中的 JpegImageFile 类型，不能直接与整型、浮点型等数据类型一起进行运算，我们可以通过 array()方法将图像数据转换成 NumPy 的数组对象，之后利用 NumPy 执行任意操作，完成一些复杂的图像处理流程。NumPy 处理后的数据想要调用 PIL 提供的方法时，再利用 Image 对象的 fromarray()方法创建图像实例。

```
>>>from PIL import Image
>>>from numpy import *
>>>boat=array(Image.open('boat.png'))
#对图像像素值进行二次多项式变换
>>> boat_new=255.0*(boat/255.0)**2
#由 boat_new 创建图像实例
>>>im_boat_new=Image.fromarray(boat_new)
#调用 Image 对象的 show()方法显示图像
>>>im_boat_new.show()
```

上述方法利用简单的表达式进行图像处理，还可以通过组合 point()和 paste()选择性地处理图片的某一区域。

NumPy 中的数组对象是多维的，可以用来表示向量、矩阵和图像。数组中的元素可以使用下标访问。数组矩阵 arr 位于坐标 i、j，以及颜色通道 k 的像素值可以用以下方法来访问：

```
>>>value = arr[i,j,k]
```

多个数组元素可以使用数组切片方式访问。切片方式返回的是以指定间隔下标访问该数组的元素值。例如：

```
>>>arr[i,:] = arr[j,:]        # 将第 j 行的数值赋值给第 i 行
>>>arr[:,i] = 100             # 将第 i 列的所有数值设为100
>>>arr[:100,:50].sum()        # 计算前100行、前50列所有数值的和
>>>arr[50:100,50:100]         # 50~100 行，50~100 列（不包括第100行和第100列）
>>>arr[i].mean()              # 第 i 行所有数值的平均值
>>>arr[:,-1]                  # 最后一列
>>>arr[-2,:] (or arr[-2])     # 倒数第二行
```

注意，示例仅仅使用一个下标访问数组。如果仅使用一个下标，则该下标为行下标。在后面几个例子中，负数切片表示从最后一个元素逆向计数。我们经常频繁地使用切片技术访问像素值，这也是一个很重要的思想。

NumPy 的矩阵运算为图像处理带来很大的方便。例如，奇异值分解（Singular Value Decomposition，SVD）是将矩阵分解成三个矩阵 U、S、V^T 的乘积。其中，S 是由奇异值组成的对角矩阵，奇异值大小与重要性正相关，从左上角到右下角重要程度依次递减；U 和 V 分别表示左奇异向量和右奇异向量。在图像处理领域，SVD 分解经常应用于以下几个方面。

- 图像压缩（Image Compression）：多数情况下，数据的能量比较集中。只需使用部分奇异值和奇异向量就可以表达出图像的大部分信息，舍弃掉一部分奇异值可以实现压缩。
- 图像降噪（Image Denoise）：由于能量集中，噪声一般存在于奇异值小的部分，将这部分奇异值置零，再进行 SVD 重构就可以实现图像去噪。
- 特征降维：与图像压缩类似，当样本数据具有高维特征时，数据量和运算量都较大，可以先用 SVD 提取主要成分，再进行距离计算、分类等。

接下来，我们看一个对图像数据矩阵进行奇异值分解和重构的例子，需要使用的是 NumPy 库提供的 linalg.svd()。

```python
#demo_image_svd.py
from PIL import Image
import numpy as np
import matplotlib.pyplot as plt
#读取图像数据，并将其转换为 NumPy 数组对象
img=np.array(Image.open('E:\\boat.png'))
h, w = img.shape[:2]     #查看图像大小
#为图像数据添加标准差为5的高斯白噪声
img_noisy=img+5.0*np.random.randn(h,w)
Image.fromarray(img_noisy).convert('L').save('boat_noisy.png')
#利用 np.linalg.svd 进行奇异值分解
u, s, vt = np.linalg.svd(img_noisy)
```

```
plt.figure(1) #用于显示图像
plt.subplot(241);plt.imshow(img, cmap='gray');plt.xticks([]);plt.yticks([]);
plt.subplot(242);plt.imshow(img_noisy, cmap='gray');plt.xticks([]);plt.yticks([]);
plt_num=2
#分别取前 n(n=1,5,10,15,200)个奇异值和奇异向量重构图像
for s_num in [1,3,5,10,15,200]:
    s1 = np.diag(s[:s_num],0) #用 s_num 个奇异值生成新对角矩阵
    #将 h-s_num 个左奇异向量置零
    u1 = np.zeros((h,s_num), float)
    u1[:,:] = u[:,:s_num]
    #将 w-s_num 个右奇异向量置零
    vt1 = np.zeros((s_num,w), float)
    vt1[:,:] = vt[:s_num,:]
    #重构图像
    svd_img = u1.dot(s1).dot(vt1)
    #显示图像
    plt_num+=1
    plt.subplot(2,4,plt_num);plt.imshow(svd_img,    cmap='gray');plt.xticks([]);
plt.yticks([]);
    #保存图像
    Image.fromarray(svd_img).convert('L').save('boat_svd_'+str(s_num)+'.png')
plt.show()
```

在以上代码中，我们对原始 boat 图像添加噪声，对含噪声图像进行奇异值分解，之后利用部分奇异值重构图像，生成的图像如图 8-8 所示。可以看出，随着保留的主要奇异值个数的增加，重构图像与原始图像的接近程度越高，其所含的噪声也要比含噪声的图像弱。但保留的奇异值个数超过某个值以后，重构图像所含噪声开始增加，越来越接近含噪声图像。

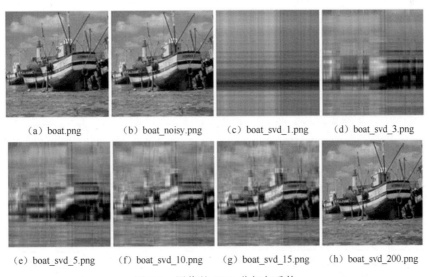

(a) boat.png　　(b) boat_noisy.png　　(c) boat_svd_1.png　　(d) boat_svd_3.png

(e) boat_svd_5.png　　(f) boat_svd_10.png　　(g) boat_svd_15.png　　(h) boat_svd_200.png

图 8-8　图像的 SVD 分解与重构

NumPy 提供的更多模块和方法请参考官方文档。

8.3.3 SciPy 图像数据分析示例

SciPy 是在 NumPy 基础上开发的用于数值运算的开源工具包。SciPy 提供了很多高效的操作，可以实现数值积分、优化、统计、信号处理、图像处理等功能。

- 优化函数程序包：提供了解决单变量和多变量的目标函数最小问题的算法。在一般情况下，可使用线性回归搜索函数的最大值与最小值。
- 数值分析程序包：实现了大量的数值分析算法，支持单变量和多变量的插值，以及一维和多维的样条插值，还支持拉格朗日和泰勒多项式插值方法。
- 统计学模块：支持概率分布函数，包括连续变量分布函数、多变量分布函数以及离散变量分布函数。统计函数包括简单的均值到复杂的统计学概念，包括偏度 skewness、峰度 kurtosis、卡方检验 chi-square test 等。
- 聚类程序包与空间算法：包括 K-Means 聚类、向量化、层次聚类与凝聚式聚类函数等。
- 图像处理函数：包括基本的图像文件读/写、图像显示以及简单的处理函数，如裁剪、翻转和旋转、数学变换、平滑、降噪、锐化，还支持图像分割、分类及边缘检测、特征提取等。

表 8-1 列出了 SciPy 的主要模块名称及其功能说明，其中，大部分方法都可应用于图像数据转换的数组对象，特别是 misc、ndimage、signal、interpolate、fftpack 等。

表 8-1　　SciPy 的主要模块及功能说明

模 块 名 称	主要功能和方法
cluster	向量量化、K-Means、层次聚类
constants	物理和数学常数和单位
fftpack	离散傅里叶变换、离散正弦变换、离散余弦变换及其反变换、积分、微分、希尔伯特变换、卷积等
integrate	积分、微分方程初值和边界问题
interpolate	近邻、线性、样条、拉格朗日、泰勒多项式等插值算法
io	数据读/写
linalg	常用矩阵运算和线性代数函数
misc	图像基本操作、排列组合、阶乘等
ndimage	图像滤波、插值、特征统计、形态学变换等
odr	正交距离回归等
optimize	局部优化、全局优化、拟合、方程求根等
signal	卷积、相关、B样条、滤波器设计、连续/离散时间线性系统、窗口操作、小波变换、峰值分析、谱分析等

续表

模 块 名 称	主要功能和方法
sparse	稀疏矩阵及其运算
spatial	空间数据查找和数据结构
special	信息论、贝塞尔函数、数学变换、统计函数等
stats	连续和离散分布

　　SciPy 的 misc 模块提供了图像读/写、缩放、旋转、显示的方法，还包含了两个示例图像。该模块依赖 PIL，一些方法在 SciPy 1.1.0 版本中已不建议使用，这里只做简单介绍。misc 模块图像处理的方法和对应的功能如表 8-2 所示。

　　以下代码以灰度图像模式加载 face 图像并保存为 face.gray.png：

```
>>> from scipy import misc
>>> im_face = misc.face(True)
>>> misc.imsave('face_gray.png', im_face)
```

表 8-2　　　　　　　　　misc 模块图像处理的主要方法及功能说明

方　　法	功　能　说　明
ascent()	获得示例图像 ascent 对应的 ndarray 对象，对应大小为 512×512 像素的 8 位灰度图像
face([gray=False])	获得示例图像 face，对应大小为 1024×768 像素的浣熊图像，当可选参数 gray 为 True 时，得到对应的灰度图像，默认值为 False
bytescale(data,cmin.,cmax,high,low)	将输入图像像素值拉伸到 (low, high)（默认值为 0~255），并将其转换为 uint8 类型；可以指定拉伸前像素值的范围 [cmin,cmax]。如果输入图像为 uint8，则像素值不拉伸
fromimage(im,flatten,mode)	返回 PIL 图像对应的 ndarray 对象的备份，当 flatten 为 True 时，返回对应的灰度图像
imfilter(arr,ftype)	返回将图像数组 arr 按指定的 ftype 滤波后的数组对象，类似 PIL 的 Image.filter()
imread(name,flatten,mode)	读取图像文件到数组对象，类似 PIL 的 Image.open()
imresize(arr,size,interp,mode)	按指定的插值模式 interp 和颜色模式 mode 将图像数据 arr 缩放到大小为 size
imrotate(arr,angle,interp)	按指定的插值模式 interp 将图像 arr 逆时针旋转角度 angle，类似 PIL 的 Image.rotate()
imsave(name,arr,format)	将图像 arr 保存为 format 类型的文件，名称为 name，类似 PIL 的 Image.save()
imshow(arr)	将图像 arr 显示在外部图片浏览器，类似 PIL 的 Image.show()
toimage(arr)	将 NumPy 数组 arr 转换为 PIL 的 Image 对象

　　ndimage 是一个多维图像处理的库，包括滤波、插值、傅里叶变换、形态学变换以及对图

像的特征统计方法。该模块也提供了图像读取方法 ndimage.imread(fname,flatten,mode)。

例如，高斯滤波的函数原型为：

```
ndimage.gaussian_filter(input,
    sigma,
    order=0,
    output=None,
    mode="reflect",
    cval=0.0,
    truncate=4.0)
```

其中，input 表示输入图像，sigma 是高斯滤波核的标准差。以下代码演示了输入一个 5×5 的矩阵 a，经过标准差为 1 的高斯滤波器，输出 5×5 矩阵。

```
>>> from scipy import ndimage
>>> a = np.arange(50, step=2).reshape((5,5))
>>> a
array([[ 0,  2,  4,  6,  8],
       [10, 12, 14, 16, 18],
       [20, 22, 24, 26, 28],
       [30, 32, 34, 36, 38],
       [40, 42, 44, 46, 48]])
>>> ndimage. gaussian_filter(a, sigma=1)
array([[ 4,  6,  8,  9, 11],
       [10, 12, 14, 15, 17],
       [20, 22, 24, 25, 27],
       [29, 31, 33, 34, 36],
       [35, 37, 39, 40, 42]])
```

在应用机器学习算法对图像数据进行分析（如图像识别等）时，我们更关注如何提取图像的特征数据，在前面的内容中我们介绍了使用像素值，或者利用图像变换的方法。下面的例子将展示如何使用 ndimage 模块对样本图像进行傅里叶变换。

```
#demo_im_fft2.py
from PIL import Image
import numpy as np
from scipy.fftpack import fft2,ifft2 #导入傅里叶变换模块

imdir='e:\\'
imftype='.png'
imnames=['fingerprint','boat','lena']
for imname in imnames:
    im=np.array(Image.open(imdir+imname+imftype))
    im_fft=fft2(im)            #二维傅里叶变换
    fft_mag=np.abs(im_fft) #计算傅里叶变换系数的幅值
    #将幅值排序，保留最大的20%，其他值置零
    sort_fft_mag=np.sort(fft_mag.flatten())
    thresh=sort_fft_mag[-np.int(sort_fft_mag.size*0.2)]
    fft_mag[fft_mag<thresh]=0
    #显示阈值后的傅里叶系数幅值
    im_fft_mag=Image.fromarray(np.uint8(fft_mag)).convert('L')
```

```
im_fft_mag.save(imdir+imname+'_fftmag_thr'+imftype)
#阈值后的傅里叶系数
im_fft[fft_mag<thresh]=0
#傅里叶反变换重构图像
im_rec=ifft2(im_fft)
im_rec=Image.fromarray(np.uint8(im_rec)).convert('L')
im_rec.save(imdir+imname+'_fft_rec'+imftype)
```

上述代码对图像数据进行傅里叶变换，保留幅值最大的 20%变换系数，再进行反变换复原图像。代码生成的图像如图 8-9 所示，从图中可以看出，设置不同阈值后，相同的图像的傅里叶变换系数的形状和幅值是不同的，由此可以通过变换系数区分图像。在 8.3.1 节我们提到在应用机器学习算法对图像数据进行分析（如图像识别等）任务时可以使用像素值，也可以利用图像变换的方法。以上例子中全部或部分傅里叶变换系数就可以用来作为图像的特征数据，结合机器学习算法用于图像分类或识别等任务。

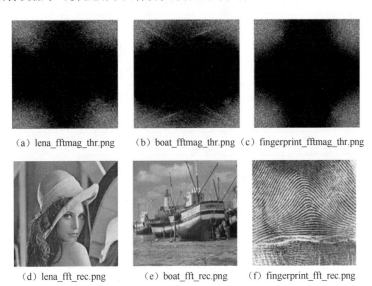

　（a）lena_fftmag_thr.png　　（b）boat_fftmag_thr.png（c）fingerprint_fftmag_thr.png

　（d）lena_fft_rec.png　　（e）boat_fft_rec.png　（f）fingerprint_fft_rec.png

图 8-9　图像傅里叶变换与反变换示例

8.3.4　Scikit-image 的特征提取模块

Scikit-image 是用于图像处理的开源 Python 工具包，它包括颜色空间转换、滤波、图论、统计特征、形态学、图像恢复、分割、边缘/角点检测、几何变换等算法。特别是特征提取模块，使用户从图像中提取特征更方便。

本节主要介绍 Scikit-image 的特征提取模块，其他模块请参考官方文档。特征提取模块的主要方法及功能说明如表 8-3 所示。下面介绍其中两个常用的特征抽取算法。

表 8-3   特征提取模块的主要方法及功能说明

主 要 方 法	功 能 说 明
skimage.feature.canny(image[, sigma, …])	给定图像的 Canny 边缘检测
skimage.feature.daisy(image[, step, radius, …])	计算给定图像的 DAISY 特征描述子
skimage.feature.hog(image[, orientations, …])	计算给定图像的方向梯度直方图
skimage.feature.greycomatrix(image, …[, …])	计算给定图像的灰度共生矩阵
skimage.feature.greycoprops(P[, prop])	计算灰度共生矩阵的纹理属性
skimage.feature.local_binary_pattern(image, P, R)	计算给定图像的灰度旋转不变局部二值模式
skimage.feature.multiblock_lbp(int_image, r, …)	计算给定图像的多区块局部二值模式
skimage.feature.draw_multiblock_lbp(image, …)	给定图像的多区块局部二值模式可视化
skimage.feature.peak_local_max(image[, …])	寻找图像坐标列表或二值蒙版中的峰值
skimage.feature.structure_tensor(image[, …])	使用平方误差之和计算结构张量
skimage.feature.structure_tensor_eigvals(…)	计算结构张量的特征值
skimage.feature.hessian_matrix(image[, …])	计算海森矩阵
skimage.feature.hessian_matrix_det(image[, …])	计算图像的海森行列式逼近
skimage.feature.hessian_matrix_eigvals(H_elems)	计算海森矩阵的特征值
skimage.feature.shape_index(image[, sigma, …])	计算形状指数
skimage.feature.corner_kitchen_rosenfeld(image)	计算 Kitchen 和 Rosenfeld 角点检测算法的响应图像
skimage.feature.corner_harris(image[, …])	计算 Harris 角点检测算法的响应图像
skimage.feature.corner_shi_tomasi(image[, sigma])	计算 Shi-Tomasi (Kanade-Tomasi) 角点检测算法的响应图像
skimage.feature.corner_foerstner(image[, sigma])	计算 Foerstner 角点检测算法的响应图像
skimage.feature.corner_subpix(image, corners)	确定角点对应的亚像素位置
skimage.feature.corner_peaks(image[, …])	在角点响应图中寻找角点
skimage.feature.corner_moravec(image[, …])	计算 Moravec 角点检测算法的响应图像
skimage.feature.corner_fast(image[, n, …])	快速提取图像的角点
skimage.feature.corner_orientations(image, …)	计算角点的方向
skimage.feature.match_template(image, template)	使用归一化相关将模板匹配到二维或三维图像
skimage.feature.register_translation(…[, …])	基于互相关的亚像素图像平移和配准
skimage.feature.match_descriptors(…[, …])	特征描述子的暴力匹配算法
skimage.feature.plot_matches(ax, image1, …)	图示匹配的特征
skimage.feature.blob_dog(image[, min_sigma, …])	寻找灰度图像中的 blob 对象

续表

主 要 方 法	功 能 说 明
skimage.feature.blob_doh(image[, min_sigma, …])	寻找灰度图像中的 blob 对象
skimage.feature.blob_log(image[, min_sigma, …])	寻找灰度图像中的 blob 对象
skimage.feature.haar_like_feature(int_image, …)	计算积分图像区域的类 Harr 特征
skimage.feature.haar_like_feature_coord(…)	计算类 Harr 特征的坐标
skimage.feature.draw_haar_like_feature(…)	类 Harr 特征可视化
skimage.feature.BRIEF([descriptor_size, …])	抽取 BRIEF 二值描述子
skimage.feature.CENSURE([min_scale, …])	CENSURE 关键点检测
skimage.feature.ORB([downscale, n_scales, …])	抽取有向 FAST 特征、旋转 BRIEF 特征和二值描述

1．局部二值模式（Local Binary Pattern，LBP）

如图 8-10 所示，原始的 LBP 算子定义在每个像素的 3×3 的邻域内，将中心像素与相邻的 8 个像素的灰度值进行比较，若邻域中某个像素值大于中心像素值，则该相邻像素点的位置被标记为 1，否则为 0，从而，3×3 邻域内的 8 个点经过比较可产生 8 位二进制数，将这 8 位二进制数依次排列形成一个二进制数字，这个二进制数字就是中心像素的 LBP 值，LBP 值共有 2^8（256）种可能。中心像素的 LBP 值反映了该像素周围区域的纹理信息。

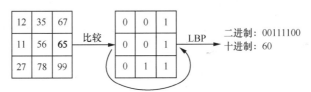

图 8-10　局部二值模式示意图

原始的 LBP 算子的最大缺陷在于它只覆盖了一个固定半径范围内的小区域，这显然不能满足不同尺寸和频率纹理的需要。为了适应不同尺度的纹理特征，并达到灰度和旋转不变性的要求，奥贾拉（Ojala）等对 LBP 算子进行了改进，将 3×3 邻域扩展到任意邻域，并用圆形邻域代替了正方形邻域，改进后的 LBP 算子允许在半径为 R 的圆形邻域内有任意多个像素点。从而得到了诸如半径为 R 的圆形区域内含有 P 个采样点的 LBP 算子。另外，原始的 LBP 算子是灰度不变的，但却不是旋转不变的。图像的旋转会得到不同的 LBP 值。缅帕（Maenpaa）等人又将 LBP 算子进行了扩展，提出了具有旋转不变性的 LBP 算子，即不断旋转圆形邻域得到一系列初始定义的 LBP 值，取其最小值作为该邻域的 LBP 值。为了解决二进制模式过多的问题，提高统计性，奥贾拉（Ojala）提出了采用"等价模式"（Uniform Pattern）对 LBP 算子的模式种类进行降维。

LBP 特征用于检测的原理在于 LBP 算子在每个像素点都可以得到一个 LBP"编码"，因此，对一幅图像（记录的是每个像素点的灰度值）提取其原始的 LBP 算子之后，得到的原始 LBP 特征依然是"一幅图片"（记录的是每个像素点的 LBP 值）。在 LBP 的应用中，如纹理分类、人脸分析等，一般都不会将 LBP 图谱作为特征向量用于分类识别，而是采用 LBP 特征谱的统计直方图作为特征向量用于分类识别。

LBP 算子也可以作用在图像区域，例如，可以将一幅图片划分为若干的子区域，对每个子区域内的每个像素点都提取 LBP 特征，然后在每个子区域内计算 LBP 特征的统计直方图。如此一来，每个子区域就可以用一个统计直方图来进行描述。整个图片就由若干个统计直方图组成。

例如，一幅 100×100 像素大小的图片，首先，将其划分为 10×10=100 个子区域（可以通过多种方式来划分区域），每个子区域的大小为 10×10 像素。然后在每个子区域内的每个像素点，提取其 LBP 特征，建立统计直方图；这样，这幅图片就有 10×10 个子区域，也就有了 10×10 个统计直方图，可以利用这 10×10 个统计直方图描述这幅图片。最后，我们可以利用各种相似性度量函数判断两幅图像之间的相似性；或者将这些统计直方图作为图像的特征，采用机器学习算法进行图像的分类和识别等。

Skimage 中 LBP 特征提取的方法原型为：

```
local_binary_pattern(image, P, R, method='default')
```

其中，image 为指定的图像数组；P 表示圆形对称邻域点的个数；R 表示圆形邻域的半径；method 可以取值为 default、ror、uniform、nri_uniform、var，default 对应原始算法（具有灰度不变性，不具有旋转不变性），其他方法为原始算法的改进。

以下代码演示了使用 skimage 进行图像加载、显示和提取局部二值模式，生成的图像如图 8-11 所示。

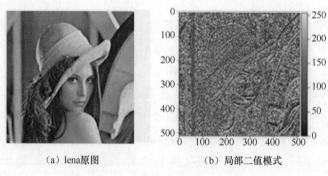

（a）lena原图　　　　（b）局部二值模式

图 8-11　lena 图像及其局部二值模式

```
#demo_LBP.py
from skimage.io import imread,imshow,imsave
```

```
from skimage.feature import local_binary_pattern
image = imread('e:\\lena.png')
imshow(image)
radius = 1
n_points = radius * 8
lbp=local_binary_pattern(image,n_points,radius)
imshow(lbp);
```

2. 梯度方向直方图（Histogram of Oriented Gradient，HOG）

HOG 的基本思想是梯度或边缘的方向密度分布可以很好地描述图像中局部目标的表现和形状。在实际应用时，我们通常是选取一幅图像中的窗口区域提取 HOG 特征，首先用一个固定大小的窗口在图像上滑动，然后计算连通区域中各像素点的梯度或边缘的方向直方图，最后将这些直方图组合起来作为特征描述。

方法原型为：

```
hog(image,orientations=9,pixels_per_cell=(8,8),cells_per_block=(3,3),visualise=
False,transform_sqrt=False,feature_vector=True,normalise=None)
```

主要参数介绍如下。

- image：指定图像数据。
- orientations：梯度方向个数，默认为 9，即在一个单元格内统计 9 个方向的梯度直方图。
- pixels_per_cell：单元格大小，使用两个元素的元组表示每个单元格的宽度和高度。
- cells_per_block：每个区域的单元格数目。
- visualise：布尔值，如果为 True，则可有第二个返回值为 HOG 的图像显示。
- transform_sqrt：布尔值，指定提取 HOG 特征前，是否进行归一化。
- feature_vector：布尔值，指定是否将数据作为特征向量返回。
- normalise：保留参数，将被工具包弃用，建议使用 transform_sqrt。

cell、block 和 pixel 的关系如图 8-12 所示。

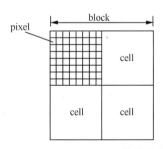

图 8-12　cell、block 和 pixel 的关系示意图

```
#demo_HOG.py
from skimage.feature import hog
```

```
from skimage import data, exposure
image = imread('e:\\lena.png')
fd, hog_image = hog(image, orientations=8, pixels_per_cell=(16, 16),
    cells_per_block=(1, 1), visualise=True)
fig, (ax1, ax2) = plt.subplots(1, 2, figsize=(8, 4), sharex=True, sharey=True)
ax1.axis('off')
ax1.imshow(image, cmap=plt.cm.gray)
ax1.set_title('Input image')
# Rescale histogram for better display
hog_image_rescaled= exposure.rescale_intensity(hog_image, in_range=(0, 10))
ax2.axis('off')
ax2.imshow(hog_image_rescaled, cmap=plt.cm.gray)
ax2.set_title('Histogram of Oriented Gradients')
plt.show()
```

上述代码读取的 lena 图像大小为 512×512 像素，HOG 特征提取指定了每个单元格大小为 16×16 像素，因此，共有 512/16×512/16=1024 个单元格，每个单元格指定 orientations 为 8 个方向，最终 HOG 特征的维度为 1024×8=8192。原图及 HOG 特征如图 8-13 所示。

(a) Input image   (b) Histogram of Oriented Gradients

图 8-13 lena 图像及对应的 HOG 特征图

8.3.5 综合练习

本章我们学习了如何使用 Python 工具包进行图像读/写、显示、图像恢复、增强、特征提取等。请读者利用公开的图像分类/识别数据集，或者自建数据集，对其进行特征提取，利用机器学习算法学习分类模型，并验证分类模型的效果。

第9章
自然语言处理与NLTK

本章首先介绍自然语言处理的概念，然后介绍常用的自然语言处理技术，最后介绍目前应用范围最广泛的 Python 自然语言处理模块——NLTK。

本章所讲解的问题很多都属于自然语言的范畴。已具备一些基础知识的读者，可以有选择地学习本章的相关内容。

本章重点内容如下。

（1）自然语言处理的概念。

（2）常用的自然语言处理技术。

（3）NLTK 的应用。

9.1 自然语言处理概述

自然语言处理（Natural Language Processing，NLP）是计算机科学领域与人工智能领域的一个重要方向。它研究如何能实现人与计算机之间用自然语言进行有效通信的各种理论和方法。

简单地说，自然语言处理就是用计算机来处理、理解以及运用人类语言（如中文、英文等），它属于人工智能的一个分支，是计算机科学与语言学的交叉学科。我们都知道，计算机是无法读懂人类的语言的，当我们把"自然语言"传输到计算机中，对计算机而言这或许是一系列的无意义的字符格式数据，而自然语言处理技术的目的就是要将这些无意义的数据变为有意义的，可以计算的数值型数据。

常用的自然语言处理技术如下。

（1）词条化，即形态学分割。简单地说，词条化就是把单词分成单个语素，并识别词素的种类。这项任务的难度很大程度上取决于所考虑语言的形态（即单词结构）的复杂性。英语具有相当简单的形态，因此可以简单地将单词的所有可能形式作为单独的单词进行建模。然而，在诸如土耳其语或美泰语这样高度凝集的语言中，这种方法是不可行的，因为每一个字的词条都有成千上万个可能的词形。

（2）词性标注，即给定一个句子，确定每个单词的词性。在自然语言中有很多词，尤其是普通词，是存在多种词性的。有些语言比其他语言有更多的歧义。例如，英语中的"book"可以是名词或动词；"set"可以是名词、动词或形容词；"out"可以是至少五个不同的词类中的任何一个。汉语的口语是一种音调语言，也十分容易产生歧义。

（3）词干还原是指将不同词形的单词还原成其原型，在处理英文文档时，文档中经常会使用一些单词的不同形态，例如，单词"observe"，可能会以"observe""observers""observed""observer"的形式出现，但是它们都是具有相同或相似意义的单词簇，因此我们希望将这些不同的词形转换为其原型"observe"。在自然语言处理中，提取这些单词的原型在我们进行文本信息统计的时候是非常有帮助的，因此下文将介绍如何使用NLTK模块来实现词干还原。

（4）词形归并和词干还原的目的一样，都是将单词的不同词性转换为其原型，但是当词干还原算法简单粗略地去掉"小尾巴"的时候，经常会得到一些无意义的结果，例如"wolves"被还原成"wolv"，而词形归并指的是利用词汇表以及词形分析方法返回词的原型的过程。即归并变形词的结尾，如"ing"或者"es"，然后获得单词的原型。例如，对单词"wolves"进行词形归并，将得到"wolf"。

（5）句法分析，确定给定句子的句法树（语法分析）。自然语言的语法是模糊的，一个普通的句子可能会有多种不同的解读结果。而目前主流的句法分析技术有两种主要的分析方法：依赖分析和选区分析。依赖句法分析致力于分析句子中的单词之间的关系（标记诸如主语和谓词之间的关系），而选区句法分析则侧重于使用概率来构造解析树。

（6）断句，给定一大块文本，找出句子的边界。句子边界通常用句点或其他标点符号来标记，但这些相同的字符，在特殊情况下也会用于其他目的。

9.2 NLTK 入门基础

9.2.1 Python 的第三方模块——NLTK

为了解决人与计算机之间用自然语言无法有效通信的问题，基于机器学习的自然语言处理技术算法应运而生。其目标是开发出一组算法，以便用户可以用简单的英文与计算机进行交流。这些算法通常是挖掘文本数据的模式，以便用户从中了解文本内所蕴含的信息。人工智能公司大量地使用自然语言处理技术和文本分析来推送相关结果。自然语言处理技术最常用的领域包括搜索引擎、情感分析、主题建模、词性标注、实体识别等。本节主要介绍文本分析，以及如何从文本数据中提取有意义的信息。我们将大量用到 Python 中的自然语言处理模块（Natural Language Toolkit，NLTK）模块，NLTK 模块是自然语言处理领域中，最常使用的模块，其处理的语言多为英文，因此下文采用英文作为案例。

NLTK 是构建 Python 程序以处理人类语言数据的平台。它为超过 50 个语料库和词汇资源（如 WordNet）提供了易于使用的接口，并提供了一套用于分类、标记、词干、标注、解析和语义推理的文本处理库。

在学习下面内容之前，读者要先确保已经安装了 NLTK。NLTK 的安装步骤可以参考 NLTK 官方文档；同时读者还需要加载 NLTK 数据，这些数据中包含很多语料和训练模型，是自然语言处理分析不可分割的一部分。

9.2.2 实现词条化

首先，我们要先定义好文档的词条单位。词条化是将给定的文档拆分为一系列最小单位的子序列过程，我们将其中的每一个子序列称为词条（Token）。例如，当把文档的词条单位定义为词汇或者句子的时候，我们可以将一篇文档分割为一系列的句子序列以及词汇序列，下面将使用 NLTK 模块实现词条化，在此我们将会用到 sent_tokenize()、word_tokenize()、PunktWordTokenizer()、WordPunctTokenizer()四种不同的词条化方法，输出的结果为包含多个词条的列表。

（1）在 Python 解析器中创建一个 text 字符串，作为样例的文本。

```
text = "Are you curious about tokenization? Let's see how it works! We need
to analyze a couple of sentences with punctuations to see it in action."
```

（2）加载 NLTK 模块。

```
from nltk.tokenize import sent_tokenize
```

（3）调用 NLTK 模块的 sent_tokenize()方法，对 text 文本进行词条化，该方法是以句子为分割单位的词条化方法。

```
sent_tokenize_list = sent_tokenize(text)
```

（4）输出结果。

```
print ("\nSentence tokenizer:")
print (sent_tokenize_list)
```

（5）调用 NLTK 模块的 word_tokenize()方法，对 text 文本进行词条化，该方法是以单词为分割单位的词条化方法。

```
from nltk.tokenize import word_tokenize
print ("\nWord tokenizer:")
print (word_tokenize(text))
```

（6）NLTK 中还有一种以单词为分割单位的词条化方法 PunktWordTokenizer()。与 word_tokenize()方法不同的是，它是以标点符号来分割文本。

```
from nltk.tokenize import PunktWordTokenizer
punkt_word_tokenizer = PunktWordTokenizer()
print ("\nPunkt word tokenizer:")
print (punkt_word_tokenizer.tokenize(text))
```

（7）最后一种比较常用的单词的词条化方法是 WordPunctTokenizer()，这种方法将会把标点作为保留对象。

```
from nltk.tokenize import WordPunctTokenizer
word_punct_tokenizer = WordPunctTokenizer()
print ("\nWord punct tokenizer:")
print (word_punct_tokenizer.tokenize(text))
```

（8）图 9-1 所示为四种不同的词条化方法输出结果对比。

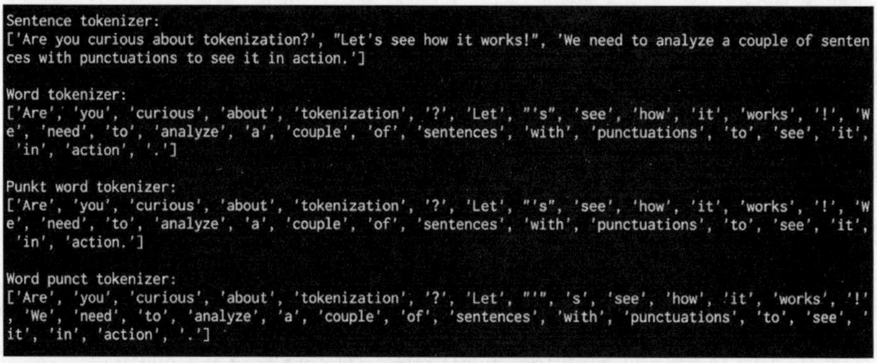

图 9-1　四种不同的词条化方法输出结果

9.2.3　实现词干还原

（1）导入词干还原相关的包。

```
from nltk.stem.porter import PorterStemmer
from nltk.stem.lancaster import LancasterStemmer
from nltk.stem.snowball import SnowballStemmer
```

（2）创建样例。

```
words = ['table', 'probably', 'wolves', 'playing', 'is', 'dog', 'the', 'beaches',
'grounded', 'dreamt', 'envision']
```

（3）调用 NLTK 模块中三种不同的词干还原方法。

```
stemmer_porter = PorterStemmer()
stemmer_lancaster = LancasterStemmer()
stemmer_snowball = SnowballStemmer('english')
```

（4）设置打印输出格式。

```
stemmers = ['PORTER', 'LANCASTER', 'SNOWBALL']
formatted_row = '{:>16}' * (len(stemmers) + 1)
print ('\n', formatted_row.format('WORD', *stemmers), '\n')
```

（5）使用 NLTK 模块中词干还原方法对样例单词进行词干还原。

```
For word in words:
    stemmed_words = [stemmer_porter.stem(word),
     stemmer_lancaster.stem(word),stemmer_snowball.stem(word)]
    print (formatted_row.format(word, *stemmed_words))
```

（6）图 9-2 所示为三种不同的词干还原方法的输出结果对比。

上文中调用的三种词干还原算法，本质上都是为了还原出词干，消除词形的影响。而其启发式处理方法是去掉单词的"小尾巴"，以达到获取单词原型的目的。其不同之处在于算法的严格程度不一致，我们可以从图 9-2 中发现，Lancaster 的输出结果不同于另两种算法的输出，它比另两种算法更严格。而从严格程度来判断，Porter 则是最为轻松的，在严格度高的算法下，我们获得的词干往往比较模糊。

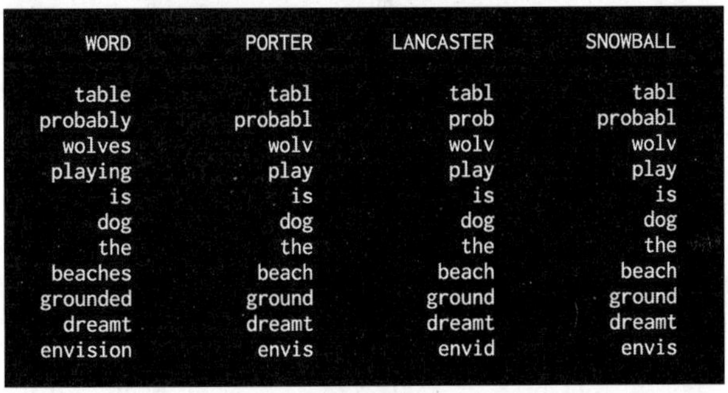

WORD	PORTER	LANCASTER	SNOWBALL
table	tabl	tabl	tabl
probably	probabl	prob	probabl
wolves	wolv	wolv	wolv
playing	play	play	play
is	is	is	is
dog	dog	dog	dog
the	the	the	the
beaches	beach	beach	beach
grounded	ground	ground	ground
dreamt	dreamt	dreamt	dreamt
envision	envis	envid	envis

图 9-2　三种不同的词干还原方法输出结果

9.2.4　实现词形归并

（1）导入 NLTK 中词形归并方法。

```
from nltk.stem import WordNetLemmatizer
```

（2）创建样例。

```
words = ['table', 'probably', 'wolves', 'playing', 'is',
    'dog', 'the', 'beaches', 'grounded', 'dreamt', 'envision']
```

（3）调用 NLTK 模块的 WordNetLemmatizer()方法。

```
lemmatizer_wordnet = WordNetLemmatizer()
```

（4）设置打印输出格式。

```
lemmatizers = ['NOUN LEMMATIZER', 'VERB LEMMATIZER']
formatted_row = '{:>24}' * (len(lemmatizers) + 1)
print ('\n', formatted_row.format('WORD', *lemmatizers), '\n')
```

（5）使用 NLTK 模块中词形归并方法对样例单词进行词形归并。

```
for word in words:
    lemmatized_words = [lemmatizer_wordnet.lemmatize(word,pos='n'),
        lemmatizer_wordnet.lemmatize(word, pos='v')]
    print (formatted_row.format(word, *lemmatized_words))
```

（6）图 9-3 所示为两种不同词形归并算法的结果输出对比。

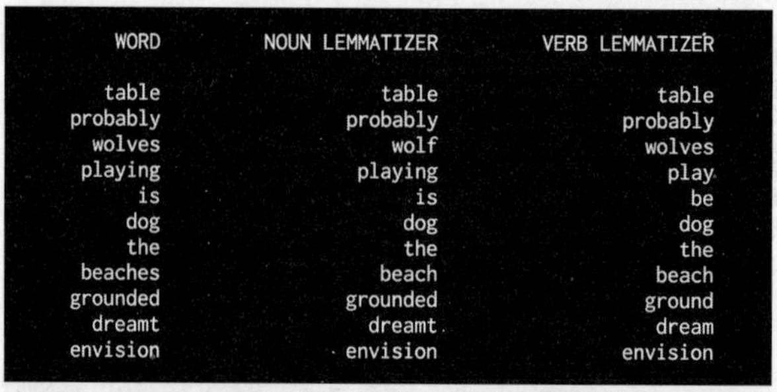

WORD	NOUN LEMMATIZER	VERB LEMMATIZER
table	table	table
probably	probably	probably
wolves	wolf	wolves
playing	playing	play
is	is	be
dog	dog	dog
the	the	the
beaches	beach	beach
grounded	grounded	ground
dreamt	dreamt	dream
envision	envision	envision

图 9-3　两种不同的词形归并算法输出结果

9.2.5　实现文本划分

文本划分指依据特定条件将文本划分为块。在处理非常庞大的文本数据的时候，我们需要对文本进行分块，以便做进一步的分析。在分块后的文本中，每一块的文本数据都包含数目相同的词汇。

（1）导入所需要的包。

```
import numpy as np
from nltk.corpus import brown
```

（2）编写函数实现文本的划分。

```
def splitter(data, num_words):
    words = data.split(' ')
    output = []
    cur_count = 0
    cur_words = []
    for word in words:
        cur_words.append(word)
        cur_count += 1
        if cr_count == num_words:
            output.append(' '.join(cur_words))
            cur_words = []
            cur_count = 0
    output.append(' '.join(cur_words) )
    return output
```

（3）设置 main 函数，在布朗语料库中加载前 10 000 个单词数据。

```
if __name__=='__main__':
    data = ' '.join(brown.words()[:10000])
    num_words = 1700
    chunks = []
    counter = 0
```

（4）结果输出。

```
text_chunks = splitter(data, num_words)
print ("Number of text chunks =", len(text_chunks))
```

9.2.6 实现数值型数据的转换

在前文中我们已经了解到自然语言处理的目的是将自然语言转化为某种形式的数值，这样我们的机器就能用这些转化后的数值来学习算法，某些算法是需要使用数值数据作为输入的，这样便可以输出有用的信息了。下面来看一个基于单词出现频率的统计方法实现转换的例子。

考虑下列句子：

```
Sentence 1: The brown dog is running.
Sentence 2: The black dog is in the black room.
Sentence 3: Running in the room is forbidden.
```

以上的 3 个句子是由下列 9 个单词组成的：

```
the
brown
```

```
dog
is
running
black
in
room
forbidden
```

按照上述单词出现的先后顺序创建字典，其中，字典的键保存的是出现在文本文档中的单词，而值保存的是该单词在文本中出现的次数，因此，在上述例子中我们可以将句子转化为：

```
Sentence 1: [1, 1, 1, 1, 1, 0, 0, 0, 0]
Sentence 2: [2, 0, 1, 1, 0, 2, 1, 1, 0]
Sentence 3: [0, 0, 0, 1, 1, 0, 1, 1, 1]
```

当我们将文本型数据转化为这样的数值型数据后，即可对文本文档进行分析。具体步骤如下。

（1）导入相关包。

```
import numpy as np
from nltk.corpus import brown
from chunking import splitter
```

（2）加载布朗语料库。

```
if __name__=='__main__':
    data = ' '.join(brown.words()[:10000])
```

（3）将文本分块。

```
num_words = 2000
chunks = []
counter = 0
text_chunks = splitter(data, num_words)
```

（4）为每一块的文本数据创建字典。

```
for text in text_chunks:
    chunk = {'index': counter, 'text': text}
    chunks.append(chunk)
    counter += 1
```

（5）依据单词出现的频率将文本数据转化为数值数据，在这里使用 Scikit-learn 模块来实现。

```
from sklearn.feature_extraction.text import CountVectorizer
```

```
    vectorizer = CountVectorizer(min_df=5, max_df=.95)
    doc_term_matrix = vectorizer.fit_transform([chunk['text'] for chunk in chunks])
```

（6）输出结果。

```
    vocab = np.array(vectorizer.get_feature_names())
    print ("\nVocabulary:")
    print (vocab)
    print ("\nDocument term matrix:")
    chunk_names = ['Chunk-0', 'Chunk-1', 'Chunk-2', 'Chunk-3','Chunk-4']
    formatted_row = '{:>12}' * (len(chunk_names) + 1)
    print ('\n', formatted_row.format('Word', *chunk_names), '\n')
    for word, item in zip(vocab, doc_term_matrix.T):
        output = [str(x) for x in item.data]
        print (formatted_row.format(word, *output))
```

（7）图 9-4 所示为所有出现在文本文档中的词汇。

```
Vocabulary:
[u'about' u'after' u'against' u'aid' u'all' u'also' u'an' u'and' u'are'
 u'as' u'at' u'be' u'been' u'before' u'but' u'by' u'committee' u'congress'
 u'did' u'each' u'education' u'first' u'for' u'from' u'general' u'had'
 u'has' u'have' u'he' u'health' u'his' u'house' u'in' u'increase' u'is'
 u'it' u'last' u'made' u'make' u'may' u'more' u'no' u'not' u'of' u'on'
 u'one' u'only' u'or' u'other' u'out' u'over' u'pay' u'program' u'proposed'
 u'said' u'similar' u'state' u'such' u'take' u'than' u'that' u'the' u'them'
 u'there' u'they' u'this' u'time' u'to' u'two' u'under' u'up' u'was'
 u'were' u'what' u'which' u'who' u'will' u'with' u'would' u'year' u'years']
```

图 9-4　文本文档词汇汇总

（8）图 9-5 所示为基于词汇频率统计实现的文本数据到数值型数据的转换结果。

Document term matrix:

Word	Chunk-0	Chunk-1	Chunk-2	Chunk-3	Chunk-4
about	1	1	1	1	3
after	2	3	2	1	3
against	1	2	2	1	1
aid	1	1	1	3	5
all	2	2	5	2	1
also	3	3	3	4	3
an	5	7	5	7	10
and	34	27	36	36	41
are	5	3	6	3	2
as	13	4	14	18	4
at	5	7	9	3	6
be	20	14	7	10	18
been	7	1	6	15	5
before	2	2	1	1	2
but	3	3	2	9	5
by	8	22	15	14	12
committee	2	10	3	1	7

图 9-5　文本文档词汇转换为数值型数据

9.3 NLTK 文本分析

9.3.1 实现文本分类器

创建文本分类器的目的是将文档集中的多个文本划分到不同的类别。文本分类在自然语言处理中是很重要的一种分析手段。为了实现文本的分类，我们将使用另一种统计数据的方法——TF-IDF（词频-逆文档频率）。TF-IDF 方法与基于单词出现频率的统计方法一样，都是将一个文档数据转化为数值型数据的一种方法。

TF-IDF 技术常被用于信息检索领域，其目的是分析每一个单词在文档中的重要性。我们知道当一个词多次出现在一篇文档中时，就代表着这个词在文当中有着重要的意义。我们不仅仅要提高这种多次在文档中出现的单词的重要性。同时，在英文中一些频繁出现的单词（如 "is" 和 "be"），我们应降低其重要性，因为这些词往往无法体现文档的本质内容，所以我们需要获取那些真正的有意义的单词，而 TF-IDF 技术就为我们实现了这样的功能。TF-IDF 的计算公式为 TF 与 IDF 的乘积。其中，TF 指的是词频（The Term Frequency），表示的是某个特定的单词在给定的文档中出现的次数；而 IDF 指的是逆文档频率（Inverse Document Frequency），其计算公式如下：

$$idf = \log \frac{N}{df}$$

其中，df 表示的是在文档集中出现过某个单词的文档数目，N 为所有文档的数目。

（1）导入相关的包。

```
from sklearn.datasets import fetch_20newsgroups
```

（2）创建字典，定义分类类型的列表。

```
category_map = {'misc.forsale': 'Sales', 'rec.motorcycles':'Motorcycles',
'rec.sport.baseball': 'Baseball', 'sci.crypt':'Cryptography','sci.space':
'Space'}
```

（3）加载训练数据。

```
training_data = fetch_20newsgroups(subset='train',
categories=category_map.keys(), shuffle=True, random_state=7)
```

（4）特征提取。

```
from sklearn.feature_extraction.text import CountVectorizer
vectorizer = CountVectorizer()
X_train_termcounts = vectorizer.fit_transform(training_data.data)
print ("\nDimensions of training data:", X_train_termcounts.shape)
```

（5）训练分类器模型。

```
from sklearn.naive_bayes import MultinomialNB
from sklearn.feature_extraction.text import TfidfTransformer
```

（6）创建随即样例。

```
input_data = [
    "The curveballs of right handed pitchers tend to curve to the left",
    "Caesar cipher is an ancient form of encryption",
    "This two-wheeler is really good on slippery roads"]
```

（7）使用 TF-IDF 算法实现数值型数据的转化以及训练。

```
tfidf_transformer = TfidfTransformer()
X_train_tfidf = tfidf_transformer.fit_transform(X_train_termcounts)
classifier = MultinomialNB().fit(X_train_tfidf, training_data.target)
```

（8）词频和 TF-IDF 算法的对比。

```
X_input_termcounts = vectorizer.transform(input_data)
X_input_tfidf = tfidf_transformer.transform(X_input_termcounts)
```

（9）打印输出结果。

```
predicted_categories = classifier.predict(X_input_tfidf)
for sentence, category in zip(input_data, predicted_categories):
print('\nInput:',sentence,'\nPredictedcategory:',\category_map[training_data.
target_names[category]])
```

（10）图 9-6 所示为文本分类预测结果显示。

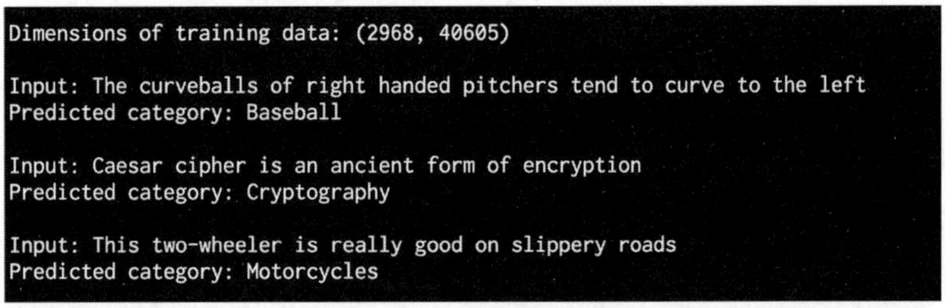

图 9-6 文本分类预测

9.3.2 实现性别判断

在自然语言处理中，通过姓名识别性别是一项有趣的工作。算法是通过名字中的最后几个字符来确定性别。例如，如果名字中的最后几个字符是"la"，它很可能是一名女性的名字，如"Angela"或"Layla"。相反的，如果名字中的最后几个字符是"im"，最有可能的是男性名字，如"Tim"或"Jim"。

（1）导入相关包。

```
import random
from nltk.corpus import names
from nltk import NaiveBayesClassifier
from nltk.classify import accuracy as nltk_accuracy
```

（2）定义函数获取性别。

```
def gender_features(word, num_letters=2):
    return {'feature': word[-num_letters:].lower()}
```

（3）定义 main 函数以及数据。

```
if __name__=='__main__':
    labeled_names = ([(name, 'male') for name in names.words('male.txt')] +
        [(name, 'female') for name in names.words('female.txt')])
    random.seed(7)
    random.shuffle(labeled_names)
    input_names = ['Leonardo', 'Amy', 'Sam']
```

（4）获取末尾字符。

```
for i in range(1, 5):
print ('\nNumber of letters:', i)
featuresets = [(gender_features(n, i), gender) for (n,gender) in labeled_names]
```

（5）划分训练数据和测试数据。

```
train_set, test_set = featuresets[500:], featuresets[:500]
```

（6）分类实现。

```
classifier = NaiveBayesClassifier.train(train_set)
```

（7）评测分类效果。

```
print ('Accuracy ==>', str(100 * nltk_accuracy(classifier,test_set)) + str('%'))
for name in input_names:
print (name, '==>', classifier.classify(gender_features(name, i)))
```

（8）图 9-7 所示为性别预测输出结果。

```
Number of letters: 1
Accuracy ==> 76.6%
Leonardo ==> male
Amy ==> female
Sam ==> male

Number of letters: 2
Accuracy ==> 80.2%
Leonardo ==> male
Amy ==> female
Sam ==> male

Number of letters: 3
Accuracy ==> 78.4%
Leonardo ==> male
Amy ==> female
Sam ==> female

Number of letters: 4
Accuracy ==> 71.6%
Leonardo ==> male
Amy ==> female
Sam ==> female
```

图 9-7　性别预测结果

9.3.3　实现情感分析

自然语言处理中一个很重要的研究方向是语义的情感分析（Sentiment Analysis），情感分析是指通过对给定文本的词性分析，判断该文本是消极的还是积极的过程。当然，在某些特定场景中，也会加入“中性”这个选项。

情感分析的应用场景也非常广泛，在购物网站或者微博中，人们会发表评论，谈论某商品、事件或人物。商家可以利用情感分析工具知道用户对自己的产品的使用体验和评价。当需要大规模的情感分析时，肉眼的处理能力就变得十分有限了。情感分析的本质就是根据已知的文字和情感符号，推测文字是正面的还是负面的。处理好情感分析，可以大大提高人们对于事物的理解效率，也可以利用情感分析的结论为其他人或事物服务。例如，不少基金公司利用人们对于某家公司、某个行业、某件事情的看法态度来预测未来股票的涨跌。

下面将使用 NLTK 模块中的朴素贝叶斯分类器来进行情感分析，实现文档的分类。在特征提取函数中，我们提取了所有的词。但是，NLTK 分类器的输入数据格式为字典格式，因此，我们要先创建字典格式的数据，以便 NLTK 分类器可以使用这些数据。同时，在创建完字典型数据后，要将数据分成训练数据集和测试数据集，目的是使用训练数据训练我们的分类器，以便分类器可以将数据分类为积极与消极。当我们查看哪些单词包含的信息量最大，也就是最能体现其情感的单词的时候，会发现有些单词表示积极情感（如 outstanding），有些单词表示消极情感（如 insulting），这是非常有意义的信息。

（1）导入相关包。

```
import nltk.classify.util
from nltk.classify import NaiveBayesClassifier
from nltk.corpus import movie_reviews
```

（2）定义函数获取情感数据。

```
def extract_features(word_list):
    return dict([(word, True) for word in word_list])
```

（3）加载数据，在这里为了方便教学，我们使用 NLTK 自带数据。

```
if __name__=='__main__':
    positive_fileids = movie_reviews.fileids('pos')
    negative_fileids = movie_reviews.fileids('neg')
```

（4）将加载的数据划分为消极和积极。

```
features_positive = [(extract_features(movie_reviews.words(fileids=[f])),
    'Positive') for f in positive_fileids]
features_negative = [(extract_features(movie_reviews.words(fileids=[f])),
    'Negative') for f in negative_fileids]
```

（5）将数据划分为训练数据和测试数据。

```
threshold_factor = 0.8
threshold_positive = int(threshold_factor * len(features_positive))
threshold_negative = int(threshold_factor * len(features_negative))
```

（6）提取特征。

```
features_train = features_positive[:threshold_positive] +
    features_negative[:threshold_negative]
features_test = features_positive[threshold_positive:] +
    features_negative[threshold_negative:]
print ("\nNumber of training datapoints:", len(features_train))
print ("Number of test datapoints:", len(features_test))
```

（7）调用朴素贝叶斯分类器。

```
classifier = NaiveBayesClassifier.train(features_train)
print ("\nAccuracy of the classifier:", nltk.classify.util.accuracy(classifier,
    features_test))
```

（8）输出分类结果。

```
print ("\nTop 10 most informative words:")
for item in classifier.most_informative_features()[:10]:
    print item[0]
```

（9）使用分类器对情感进行预测。

```
input_reviews = [
"It is an amazing movie",
"This is a dull movie. I would never recommend it to anyone.",
"The cinematography is pretty great in this movie",
"The direction was terrible and the story was all over the place"
]
```

（10）输出预测的结果。

```
print ("\nPredictions:")
for review in input_reviews:
    print ("\nReview:", review)
    probdist = classifier.prob_classify(extract_features(review.split()))
    pred_sentiment = probdist.max()
    print ("Predicted sentiment:", pred_sentiment)
    print ("Probability:", round(probdist.prob(pred_sentiment),2))
```

（11）图 9-8 所示为情感分析准确度结果。

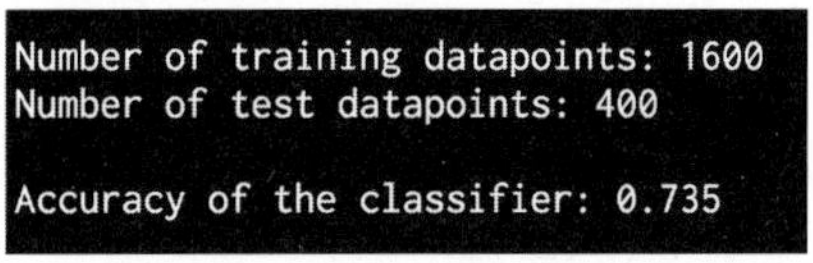

```
Number of training datapoints: 1600
Number of test datapoints: 400

Accuracy of the classifier: 0.735
```

图 9-8 情感分析准确度

（12）图 9-9 所示为情感分析中最重要的 10 个词汇输出。

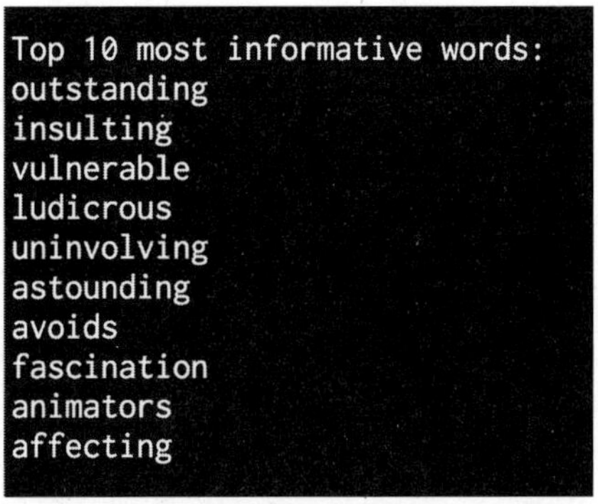

```
Top 10 most informative words:
outstanding
insulting
vulnerable
ludicrous
uninvolving
astounding
avoids
fascination
animators
affecting
```

图 9-9 情感分析中最重要的 10 个词汇

（13）图 9-10 所示为情感分析预测结果输出。

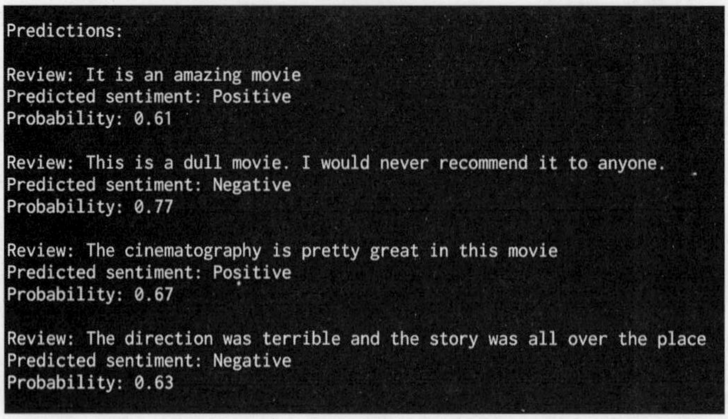

```
Predictions:

Review: It is an amazing movie
Predicted sentiment: Positive
Probability: 0.61

Review: This is a dull movie. I would never recommend it to anyone.
Predicted sentiment: Negative
Probability: 0.77

Review: The cinematography is pretty great in this movie
Predicted sentiment: Positive
Probability: 0.67

Review: The direction was terrible and the story was all over the place
Predicted sentiment: Negative
Probability: 0.63
```

图 9-10　情感分析预测结果